LANZ

Alldog-Geräteträger

von 1951 bis 1960

Bulldogs auf Festzügen, für Zuschauer und Fahrer gleichermaßen begeisternd. Hier Kurt und Marianne Häfner auf dem Bulldog von Michael Karle. ***Foto: Klaus Hübler***

Kurt Häfner

LANZ

Alldog-Geräteträger

von 1951 bis 1960

Weltbild

Mit 207 Schwarzweiß- und 15 Farbabbildungen. Sie stammen, wenn nicht anders gekennzeichnet, aus dem Archiv der John-Deere-Werke, Mannheim, oder aus dem Archiv von Kurt Häfner. Für die Genehmigung zum Abdruck der Fotos auf S. 10 und 122 danken wir der Max-Eyth-Gesellschaft für Agrartechnik, Darmstadt.

Umschlag gestaltet von Kaselow Design, München, unter Verwendung einer Aufnahme von Kurt Häfner: Seit 1936 lieferte das Mannheimer Traktorenwerk ununterbrochen die Schlepper und viele Landmaschinen und nach dem Krieg auch die Mähdrescher auf dem Hof der Familie Kraft in Künzelsau-Haag. Ab 1957 kam der Alldog A 1806 mit der nahezu kompletten Gerätereihe dazu. Obwohl heute zwei moderne John Deere-Traktoren der Fünfziger-Serie die Hauptarbeit übernommen haben, wird der Alldog noch jedes Jahr mehrmals eingesetzt und dies bis jetzt ohne nennenswerte Reparaturen.

Genehmigte Lizenzausgabe für Verlagsgruppe Weltbild GmbH, Steinerne Furt, 86167 Augsburg

Titel der Originalausgabe:
Häfner, Die LANZ-Story von 1859 bis 1967
Gesamtherstellung: Offizin Andersen Nexö Leipzig GmbH, Zwenkau

Printed in the EU

2010 2009 2008 2007
Die letzte Jahreszahl gibt die aktuelle Lizenzausgabe an.

Inhalt

Teil 12
Der Alldog-Geräteträger

Ein Wort vorab

Liebe Leser,
Alldog, ein fast magisches Wort. Nennt man es in der Gegenwart von „alten Lanzern“, sind oft heftige Diskussionen die Folge, immer aber ist es mit schmerzhaften Erinnerungen verbunden. Sei es an eine Zeit großer Hektik, eine angstvolle Zukunft, Sorge um den Arbeitsplatz oder gar der Verkauf der Fabrik, die für viele in all den Jahren zur zweiten Heimat geworden war. Ähnlich wie in der bäuerlichen Welt älterer Generationen. Auch sie denken bei diesem Wort an eine längst vergangene Zeit: die fünfziger Jahre! Eine Zeit des Umdenkens in der Landwirtschaft mit revolutionsartigen Erscheinungen. Alles hatte damals so gut begonnen, doch dann kam es ganz anders. Ein Ende mit Schrecken könnte man fast sagen. Der aufgeschlossene und fortschrittlich denkende Bauer öffnete sich dem neuen Lanz-System mit all seinen Versprechungen und wurde dann neben einem wirklich fortschrittlichen Arbeiten letztlich doch nur mit viel Ärger und oft hohen Kosten belohnt. Auch hier Angst. Hatte man in eine falsche Zukunft investiert?
Und mir, mir ging es ähnlich. Keine Ausgabe der bisher erschienenen Lanz-Bücher hatte je soviel Kopfzerbrechen und Nachdenken verursacht. Denn hier galt es, Farbe bekennen!
Lanz hatte in seiner fast 100jährigen Geschichte viele Höhen und Tiefen überstanden, egal was die wirtschaftliche oder politische Lage oder die technische Entwicklung vorgegeben hatte. Man hatte es immer verstanden, mit neuen Produkten rechtzeitig präsent zu sein, meist sogar die Richtung zu bestimmen. Auch mit dem Alldog war man wieder ganz vorne und gerade dabei, eine neue Richtung vorzugeben. Eigentlich in die richtige Richtung, doch hatte man diesmal die Kundennähe verloren und dies nur des Antriebsmotors wegen. War der Kunde gerade bei Lanz seit Jahrzehnten mit robusten, unempfindlichen und langlebigen Motoren bedient worden, so war es auch hier eine notwendige Verpflichtung dem Kunden gegenüber.
Doch dann entschied sich Lanz bei der Verwirklichung dieser genialen Idee für einen Motorradmotor, einen Benzinmotor für eine Landmaschine! Dies auch zu einer Zeit, in der der sparsame und zuverlässige Dieselmotor in der Landwirtschaft längst zur Selbstverständlichkeit geworden war. Die Rechnung dafür wurde nur wenige Jahre später präsentiert, doch da war sie so hoch, daß eine Bezahlung nicht mehr möglich war. Die Firma Lanz mußte verkauft werden. Natürlich wäre es töricht, den Alldog alleine für diese Entwicklung verantwortlich zu machen, doch hat er ohne Zweifel den Hauptteil dieser Entwicklung zu tragen. Das allzu lange Festhalten am einzylindrigen Zweitaktmotor wurde von der Kundschaft ebenfalls übelgenommen, und eine Abwanderung zu den anderen Fabrikaten war die Folge.
Als großes Glück für die Belegschaft und die Kundschaft erwies sich die Übernahme durch den amerikanischen Konzern John Deere. Ich denke, dies sollte auch einmal gesagt werden, denn Lanz war damals Europas größte Landmaschinenfabrik. Und wer kann schon den Größten aufkaufen? Noch dazu in einer Zeit rückläufiger Absatzzahlen? Mit dieser Übernahme waren der Fortbestand der Firma in ihrer gesamten Ausdehnung, der Erhalt der Arbeitsplätze und nicht zuletzt die Ersatzteilversorgung gesichert. Die Alternative wäre eine Aufteilung in kleine Büros und Werkstätten verschiedener Besitzer mit den unterschiedlichsten Verwendungszwecken und somit eine Zerstückelung gewesen oder aber eine komplette branchenfremde Fertigung. Damit ist uns Liebhabern das Lanz-Werk im gewohnten Umfang erhalten geblieben, und was noch schöner ist: Bei John Deere steht man heute wieder zu der ruhmreichen Lanz-Geschichte und damit auch ein bißchen zu uns Sammlern!

Kurt Häfner, im Februar 1993

Teil 12
Alldog-Geräteträger

Eine Idee sucht ihren Weg

Ganz neu war sie nicht, die Idee, der Landwirtschaft zu Beginn der fünfziger Jahre einen Geräteträger zu schenken, der alle zur Feldarbeit notwendigen Geräte aufnehmen, transportieren und in Einsatz bringen konnte, wobei der teilweise notwendige Antrieb dieser Geräte ebenfalls vom Geräteträger zu erbringen war. Es waren die Zug- und Transportarbeiten der Standard-Schlepper genauso zu erfüllen, wie der Einsatz über die Riemenscheibe als Stationärmotor, wie er zu Beginn der fünfziger Jahre trotz der großen Verbreitung von Elektro- wie auch Verbrennungsmotoren immer noch aktuell war. Mehr noch: War es beim Standard-Schlepper durchaus als normal anzusehen, für Transportarbeiten einen Anhänger zu benutzen, so war beim Geräteträger der Erwartung Rechnung zu tragen, diesen „Anhänger" in Form einer Ladepritsche gleich mitzuführen.

Und dies alles unter der Voraussetzung der Einmannbedienung. Nein, neu war sie wirklich nicht, diese Idee. Sie kann bis Anfang der dreißiger Jahre zurückverfolgt werden. Es gab damals den findigen Landwirt und Ingenieur Emil Endres aus dem Unterfränkischen, der sich schon frühzeitig mit der Konstruktion einer landwirtschaftlichen Universalmaschine befaßte. Sein Ideenreichtum als Ingenieur und Praktiker führte schließlich zum Bau seines „Packesels", eines Universalgerätes. Allerdings wies es wesentliche Unterschiede in Konstruktion und Aufbau zu den später gebauten Geräteträgern auf, gleichwohl aber verfolgte es dieselben Ziele. So verfügte der Packesel – genau wie von den Schleppern her gewohnt – über eine mit großen Rädern bestückte Antriebsachse und eine mit kleinen Rädern bestückte Lenkachse, auf der eine hydraulisch kippbare Ladepritsche montiert war. War die Fahrtrichtung beim Schlepper auf der Seite der kleiner bereiften Lenkachse als nach vorne festgeschrieben, so unterschied sich hierin der Packesel wesentlich, denn seine Bauweise gestattete ein Fahren in beide Richtungen, ohne dabei eine Fahrtrichtung als vorwärts oder rückwärts zu bevorzugen. Auch vom Getriebe her gab es keine Unterschiede, denn dieses verfügte mit vier Übersetzungen über dieselben Fahrgeschwindigkeiten in beide Richtungen. Diese technische Besonderheit setzte den Anbau der verschiedensten Gerätschaften immer nach vorne ins Blickfeld des Fahrers und versprach damit einen vielseitigen und anwendungsfreudigen Einsatz. Allerdings hatten die Ausführungen der Zusatzgeräte mehrheitlich erst die Planungsphase erreicht. Doch mit all diesen Vorschlägen, die ihm bis dahin nicht weniger als 50 Patente und Gebrauchsmuster eingebracht hatten, wandte sich Endress 1936 an das Reichskuratorium für Technik in der Landwirtschaft mit der Hoffnung auf Unterstützung, erhielt aber eine Absage.

Zu viele Skeptiker brachten ihre Ablehnung

Der Endres'sche Packesel (Aus: Miterlebte Landtechnik)

gegen ein solches Universalgerät zum Ausdruck, sahen ihre Zukunftsaussichten bei der Entwicklung der Traktoren. Denn die „handlichen" Traktoren unserer Landwirtschaft, wenn man sie im Gegensatz zu den recht unbeweglichen und unzuverlässigen Motorpflügen einmal so nennen darf, waren Mitte der dreißiger Jahre gerade eben fünfzehn Jahre alt und steckten noch in entwicklungsbedürftigen „Kinderschuhen". Man denke nur an die damals hauptsächlich vorherrschende Eisenbereifung, die den Einsätzen enge Grenzen aufzeigte, während die Verbreitung der Luftbereifung aber noch überaus starken Widerstand erfuhr.

Dies traf natürlich in gleichem Maße auf die landwirtschaftlichen Zusatzgeräte zu, deren Verbreitung zwar stetig zunahm, aber dennoch viel zu langsam verlief. Und dann waren die Auswirkungen der gerade überwundenen Weltwirtschaftskrise noch stark zu spüren. Eine Zeit, geprägt von hoher Arbeitslosigkeit, Geldmangel, großer Not und Unsicherheit, in der viele Ideen neuer technischer Konzepte ins Abseits gestellt werden mußten.

Doch all die überlebenden, der schlechten Zeit trotzenden Ideen, deren Fruchtbarkeit in den Aufschwungjahren vor dem Zweiten Weltkrieg zu keimen begann, wurden mit dem Ende der dreißiger Jahre beginnenden Zweiten Weltkrieg jäh zerstört und weitgehend vernichtet. Diese Erfahrung machte auch Emil Endress. Als ihm in späterer Zeit dann doch noch eine staatliche Unterstützung zuteil wurde, entzogen die beginnenden Kriegsauswirkungen weiteren Entwicklungen alle Grundlagen. Deshalb war es nie zu einer ausgereiften Lösung gekommen. Obwohl noch während der ersten Kriegsjahre die Primus-Traktoren-Gesellschaft den Bau einiger weniger Packesel nach den Endress'schen Plänen durchführte, kamen die gebauten Geräte nie über das Prototypenstadium hinaus.

Nach dem Krieg waren immer mehr Schleppertypen der unterschiedlichsten Fabrikate und in verschiedenen Leistungsklassen auf den Markt gekommen, doch alle waren sie nach demselben Prinzip und mit nur geringen Unterschieden gebaut, sieht man vom Unimog, einem Universalmotorgerät, ab. Es waren keine „Universalgeräte", viel weniger Geräteträger. Der Unimog als Ausnahme unter diesen Entwicklungen wurde seit 1948 von der Firma Böhringer in Göppingen gebaut und entsprach im Konzept einem kleinen Lastkraftwagen. Er zeichnete sich durch hervorragende Geländegängigkeit in Verbindung mit Allradantrieb und entsprechend großen Reifen aus, die trotz ihrer Größe noch eine Straßengeschwindigkeit von 60 km/h erlaubten. Als Vorbilder dieser Entwicklung waren wohl die geländegängigen Kriegszugmaschinen zu sehen, deren Verwendung nach Kriegsende zwar überflüssig wurde, die mit ihnen gemachten Erfahrungen aber in der Landwirtschaft gerne angenommen wurden. Zudem hatte der Morgenthau-Plan mit der vorgesehenen Kolonialisierung Deutschlands auch hier in unabsichtlicher Weise die Weichen gestellt, indem mit Blick auf eine schnelle Sicherstellung der Ernährung unserer Bevölkerung eine Produktionserlaubnis für landwirt-

Der Unimog beim Pflügen

Prof. Dr. W. Knolle ***(Bild: Fam. Knolle)***

schaftliche Produkte und Geräte von den Siegermächten zu bekommen am einfachsten war.
Ebenfalls in den ausgehenden vierziger Jahren wurde die Idee zur Schaffung eines Geräteträgers erneut aufgegriffen, von einem sehr profilierten Pionier breitgefächerter Landtechnik. Ein Pionier, der sich schon vor den Kriegsjahren auch bei Lanz einen Namen gemacht hatte. So hatte er in dieser Zeit nicht nur am Bulldog „gebastelt", wie er sich einmal scherzhaft ausdrückte, nein er beeinflußte auch die Konstruktionsrichtung der Großdreschmaschinen. Der legendäre Stahl-Lanz war sein Werk, der Rübenroder und Vorratsroder zählten ebenfalls dazu. Produkte der landtechnischen Industrie, die sich zur Stütze im Hause Lanz und zum Markenzeichen unter der Kundschaft entwickelt hatten.
Die Rede ist von Prof. Dr. Ing. Wilhelm Knolle.
Prof. Wilhelm Knolle wurde am 20. März 1900 in Amsterdam geboren und wandte sich nach seiner Schulzeit an der Universität Delft dem Studium der Ingenieurwissenschaft mit Schwerpunkt Schiffbau zu. Da er wie sein Vater mit Deutschland sehr verbunden war, folgten weitere Semester in Hannover und Berlin-Charlottenburg, dann eine Übersiedlung nach Bonn an das Institut für Landtechnik. Hier begegnete Knolle als junger Wissenschaftler Prof. Vormfelde, der seinen künftigen beruflichen Lebensweg entscheidend beeinflußte und dem nun seine ganze Verehrung galt. Bald darauf wurde er Versuchsleiter, dann Chefkonstrukteur bei Lanz in Mannheim, er arbeitete als Entwicklungskonstrukteur bei Hermann Raussendorf in Singwitz-Bautzen, zwischendurch Promotion an der Technischen Hochschule Hannover, und schließlich folgte er der Berufung zum Ordinarius auf den Lehrstuhl für Landtechnik der Universität Halle-Wittenberg im Jahre 1937. Die nahe gelegene Magdeburger Börde mit ihrem ausgeprägten Rübenanbau und die Bekanntschaft mit fachkompetenten Kollegen leiteten in Halle eine neue, zukunftweisende Fachrichtung ein, in der der Grundstein für einen wirtschaftlichen Zuckerrübenanbau in Deutschland und über dessen Grenzen hinaus bis in heutige Zeiten gelegt wurde. Hier schuf Prof. Knolle auf mechanischem Wege den einkeimigen Rübensamen, der mit fortschreitender Entwicklung zum heutigen hochwertigen Präzisionssaatgut für Zuckerrüben, Futterrüben und Rote Rüben führte, und dessen Gleichmäßigkeit schließlich zum Einzelkorn-Säverfahren entwikkelt werden konnte.
Doch der Krieg setzte auch hier ein Ende: Prof. Knolle geriet in amerikanische Gefangenschaft, und die Russen demontierten seine Anlagen.
Nach Kriegsende führte ihn der Weg zunächst auf das Klostergut nach Wöltingerode, wo er weiter entwickeln und sein Lebenswerk fortsetzen durfte. 1948 gründete und leitete er die Saat- und Erntetechnik GmbH, ein Unternehmen, das die industriemäßige Spaltung des multilateralen Rübensaatgutes aufnahm.
Kurz darauf trat er zum zweiten Mal in die Heinrich Lanz AG in Mannheim ein, diesmal jedoch in den Vorstand. Und hier zeigte sich wieder die Vorliebe zur Entwicklung und Erfindung konstruktiver Lösungen zur maschinellen Bearbeitung landwirtschaftlicher Güter. Als größte Herausforderung sah er dabei die Entwicklung eines universellen Geräteträgers, der dem Landwirt die Möglichkeit geben sollte, alle in der Landwirtschaft anfallenden Arbeiten unter besonderer Berücksichtigung der Einmannbedienung und nach dem „Schau-voraus-System" schnell und rationell zu bewerkstelligen.
Was ihm vorschwebte, war ein preisgünstiges Grundgerät, für jedermann ohne großes finanzielles Risiko zu erwerben und dann je nach Ein-

Der Alldog A 1205 ohne Geräte. Hier ein Prototyp.

satz und Verwendung mit den entsprechenden Zusatzgeräten auszurüsten, die mit wenigen Handgriffen zu montieren waren. Eben ein „Geräteträger". Deshalb erschien es als eine geradezu ideale Kombination, die Vorstellung von Prof. Dr. W. Knolle auf den fruchtbaren Boden jahrzehntelanger betriebswirtschaftlicher und arbeitswissenschaftlicher Erfahrungen der Firma Lanz zu säen.

Eine große Herausforderung sollte der Geräteträ-

Ein Alldog A 1315, mit verschiedenen Geräten bestückt.

ger darüber hinaus auch für jene Landwirte werden, die sich in der nun besser werdenden Zeit vom Gespann lösen wollten. Denn Gespanne, egal ob Kuh-, Ochsen- oder Pferdegespann, prägten damals noch unser Straßenbild. Es war keine Seltenheit, daß ein Bauer in den besonders arbeitsreichen Wochen während der Ernte fünfzehn, sechzehn, ja sogar zwanzig Stunden nicht aus den Kleidern kam. Wer da noch mit dem Gespann arbeitete, mußte seinen Tieren manche Extraportion an Hafer zukommen lassen, wollte er mit ihnen die schwere Feldarbeit termingerecht bewältigen.
Hier war nun wirklich der große Vorteil des Schleppers gegenüber dem Gespann zu sehen, denn der Schlepper war dafür gebaut, Stunde um Stunde und notfalls im Schichtbetrieb zu arbeiten, ohne Extraportion, ohne Pausen und ohne zu ermüden. Diese Schwachstellen waren hier eher beim Fahrer zu finden. Wieviel mehr mußte da ein Geräteträger bieten, sollte sich ein Landwirt zum Kauf für einen solchen Geräteträger entscheiden? Hatten die Schlepper inzwischen über drei Jahrzehnte Entwicklungszeit hinter sich, was für den Käufer Erfahrung und Vergleichsmöglichkeiten bedeutete, so konnten beim Geräteträger einzig die Versprechungen eines Prospekts, die Besichtigung auf einer Ausstellung oder bestenfalls eine Vorführung zur Urteilsbildung herangezogen werden. Gemessen an diesen Umständen läßt sich noch heute nachempfinden, mit welcher Überzeugungskraft Dr. Knolle seinen Vorstandskollegen eine solch neue Idee unterbreiten mußte, allein um deren Zustimmung zu erhalten, und dies nicht zuletzt unter dem Aspekt des notwendig werdenden finanziellen Umfanges. Und dann die vielen Kritiker, die damals wie heute ihr Negativurteil propagierten, allein mit dem Ziel des eigenen „in den Vordergrund Stellens" auf Kosten der von anderen erbrachten Leistungen.
Dann erfolgte die erste große Vorstellung dieses neuen Geräteträgers 1951 auf der DLG in Hamburg als das „LANZ-System", der Name Alldog kam erst später auf.
Diese erste Vorstellung schlug ein wie eine Bombe. Nicht nur bei der bäuerlichen Welt, die plötzlich erkennen mußte, daß es doch noch was Besseres und Vielseitigeres gab als den guten und altgewohnten Traktor, nein, auch die Fachwelt sah sich aus den Angeln gehoben. Wie sonst ließe es sich erklären, daß 1956, also nur fünf Jahre später, auf der DLG in Hannover nicht weniger als zehn verschiedene Firmen mit zusammen dreizehn Geräteträgertypen vertreten waren?
Und was noch mehr verblüffte: Das Ergebnis des neuen „Lanz-Systems" war genauso einfach wie genial. Eine Hinterachse, auf der Motor, Getriebe, Lenkung, Tank und die Sitze für Fahrer und Beifahrer montiert waren, verbunden mit einem nach vorne führenden stabilen Rohr-Rahmen, an dem wiederum die Vorderräder lenkbar angebracht waren. Von einer Vorderachse im herkömmlichen Sinn, etwa wie sie bei Schleppern zu finden war, kann man hier nicht mehr sprechen. Dazu eine motorisch angetriebene Hydraulikpumpe zur Aushebung montierter Geräte und zwei Zapfwellen, eine nach vorne und eine hinten. Sehr vorteilhaft war auch die große Verstellbarkeit der Spurweite, was eine Verwendung im Reihenkulturanbau genauso ermöglichte wie ein gefahrloses Einsetzen an steilen Hängen.
Eine wirklich einfache Beschreibung, die von der Vielseitigkeit dieses neuen Geräteträgers noch nichts ahnen läßt. Doch das Geniale daran war, daß wirklich alle für die Feldwirtschaft notwendigen Geräte mit wenigen Handgriffen an diesem Rahmen montiert werden konnten. Entweder über dem Rahmen, unter dem Rahmen im Zwischenachsenbereich oder vor der Vorderachse. Nicht zuletzt stand auch noch der Anbauraum hinter dem Fahrzeug wie bei einem herkömmlichen Schlepper für bereits vorhandene Maschinen und Geräte zur Verfügung. Denn das Konzept kennzeichnete den Geräteträger genauso als Schlepper wie als Transportfahrzeug. Eigens dazu standen beispielsweise mehrere Ladepritschen zur Auswahl, die im Bedarfsfall selbst den Transport von auf dem Feld arbeitenden Menschen ermöglichte. Doch damit nicht genug. Mit dem neuen Lanz-System war die Zusammenlegung von mehreren Arbeitsgängen möglich. So konnte beispielsweise in einem Arbeitsgang gedüngt, gedrillt oder gesät und geeggt werden. Interessant war auch die Rübenernte, die ebenfalls als Beispiel hier genannt werden darf, wo in einer Reihe die Blätter abgetrennt, gelegt, über Förderbänder transportiert und in Sammelkisten abgelegt wurden, während zur gleichen Zeit in einer Nebenreihe die Rüben gerodet, aufgenommen und durch den Transport wiederum über Förderbänder vorgereinigt und gleichfalls in Sammelkisten abgelegt wurden; eine der unan-

Eine gewichtige Plakette für den Lanz-Alldog.

genehmsten Arbeiten in der Landwirtschaft, mußten die Rüben doch in mühseliger Handarbeit einzeln gerodet werden. Dies erkannte man auch auf der RKW-Ausstellung, der Rationalisierungsausstellung 1953 in Düsseldorf. Sie stand unter dem Motto „Alle sollen besser leben“. Lanz zeigte den Alldog beim Rübenanbau und gliederte alle Arbeiten in lediglich fünf Arbeitsgänge: Einen Alldog beim Tiefpflügen, den zweiten mit eingestecktem Grubber und angehängter Egge, sowie Alldog Nummer drei beim Drillen. Der nächste Alldog war mit vorgehängtem Düngestreuer und Rübenhackgerät ausgestattet, während Alldog Nummer fünf zur „ABRV“ – Alldog-Blatt- und Rübenvollerntemaschine – umgebaut war.

Insgesamt brachte die ausgestellte Rübenkette der Firma Lanz den Grand Prix ein, eine gewichtige und bedeutungsvolle Auszeichnung.

Genauso war der Einsatz im Weinanbau, im Straßenbau, der Bauwirtschaft, der Industrie und nicht zuletzt im kommunalen Bereich möglich. Man hatte einfach an alles gedacht.

In den Wochen nach der DLG-Ausstellung folgten landauf – landab unzählige, meist händlerbezogene Ausstellungen und Vorführungen, begleitet von einem großen Presse-Echo, so daß das Lanz-System schnell zum Begriff wurde. Reichten die Reaktionen hierauf teilweise von höflichster Zurückhaltung bis zu massiver Kritik, so stand doch ihre Zahl in keinem Vergleich mit jener der Befürworter, die diesem neuen System aufgeschlossen gegenüberstanden. Insgesamt erlebte Lanz eine lange nicht mehr erlebte Kauf-

welle. Dies brachte es sogar mit sich, daß Lanz anfänglich erhebliche Lieferschwierigkeiten zu bewältigen hatte, obwohl alle Rohstoffe für eine ausreichende Produktion gesichert waren.
Dann allerdings traten große Schwierigkeiten auf, deren Bewältigung nicht mehr in den Händen der Firma Lanz lag. Es war die Hilflosigkeit der Behörden, die bei Zulassungen oft nicht entscheiden konnten, ob nun der Lanz-Geräteträger ein landwirtschaftliches Sonderfahrzeug, eine selbstfahrende Arbeitsmaschine, eine Zugmaschine oder gar ein LKW sei. Noch heute zeugen zahllose Unterlagen und Schreiben von diesen Schwierigkeiten. Einige Kunden drohten damals sogar mit der Rückgabe ihrer Neuerwerbung, sollte nicht eine rückwirkende Einstufung als steuerfreies Sonderfahrzeug für die Landwirtschaft zu erwirken sein. Dieser Umstand verbreitete sich in Windeseile und hielt alsbald viele kaufwillige Kunden von der geplanten Anschaffung eines Geräteträgers ab. Doch der Minister für Finanzen brauchte Monate für eine Entscheidung, trotz vieler Mahnungen von seiten der Firma, selbst unter Hinweis auf einen Vergleich mit dem Unimog, der trotz gleichgroßer Räder, mit Allradantrieb und einer erreichbaren Fahrgeschwindigkeit von 60 km/h, längst eine Zulassung als Landwirtschaftliches Sonderfahrzeug hatte.
Lassen Sie mich hierzu kurz ein Fernschreiben vom 29. November 1954 im Wortlaut wiedergeben, zu einer Zeit, als der Geräteträger schon über drei Jahre auf dem Markt angeboten wurde, nur um punktweise einmal anzudeuten, mit welchen behördlichen Schwierigkeiten damals zu kämpfen war:

„An den Herrn Bundesminister für Finanzen, Bonn.
Betr. Kraftfahrzeugsteuer für LANZ-Motorgeräteträger Typ 12 PS Alldog.
Ihr Schreiben IV-S 6100-38/52 II Ang.
Erbitten dringend Antwort auf unsere Schreiben 5. 7. 1954 und 2. 11. 1954, da wegen Ausstehen Ihrer Genehmigung zur Einreihung des Alldog in die Steuergruppe der Zugmaschinen erhebliche Verkaufsschwierigkeiten auftreten und weitere Geschäftsabschlüsse verloren gehen. Lanz“

All diese anfänglichen Schwierigkeiten bekam die Firma Lanz auf der negativen Seite in die Waagschale gelegt, so daß das Image dieses neuen Hoffnungsträgers sehr schnell angekratzt war. Hierzu gesellte sich alsbald noch ein Umstand mit äußerster Tragweite. Der Umstand, daß der Geräteträger an einem sehr starken „Herzfehler“ litt, ein Fehler, der ihn in seiner Vielseitigkeit oft stark einschränkte: der Motor! Er war mit einem nur 12 PS starken Benzinmotor, einem sogenannten Doppelkolbenmotor, der Triumph-Werke Nürnberg ausgestattet. Eine Gemeinschaftsarbeit von Lanz und Triumph wie es hieß, doch auf das Grundkonzept eines Motorradmotors zurückgehend, der sich im Motorradbau hervorragend bewährt haben soll, der sich aber in dem sehr viel stärker beanspruchten landwirtschaftlichen Geräteträger schnell als viel zu schwach und kurzlebig erwies.
Doch der Richtigkeit halber darf es nicht unerwähnt bleiben, daß noch zu Zeiten des Dritten Reiches der ideale Schlepper über eine Leistung von 12 bis 15 PS verfügen sollte. Man denke dabei nicht nur an die Porsche-Konstruktionen, die als Vorarbeiten für den von der Reichsregierung angestrebten Volksschlepper zu sehen sind, auch der 15 PS starke Bauernbulldog von Lanz und der 11er-Deutz-Bauernschlepper waren Produkte dieser Zeit. Dieses Leistungsdenken war bei vielen Technikern selbst noch Anfang der fünfziger Jahre fest im Gedächtnis verwurzelt und beeinflußte auch die Leistungsgröße des Alldogmotors. (Näheres dazu in Lanz Band 2 ab Seite 147.)
Außerdem sollte der Geräteträger lediglich ein Gespann von zwei Pferden ersetzen, also schien eine Leistung von 12 PS als völlig ausreichend. Doch gerade seine Vielseitigkeit erforderte eine größere Leistung. Man denke nur an den gleichzeitigen Antrieb mehrerer Arbeitsgeräte und deren Transport im Gelände, wie es bei der Zusammenlegung mehrerer Arbeitsgänge häufig vorkam.
Öfters soll es damals vorgekommen sein, daß ein Bauer seine beiden Rösser vor den Alldog-Geräteträger spannen mußte, um damit die dem Motor fehlende Leistung zu ersetzen. Findige Besitzer von Geräteträgern lösten dieses Problem in den folgenden Jahren oft auf ihre Weise, indem sie einen zuverlässigen Dieselmotor selbst aufbauten. Oder es konnte der Rat in der „Deutz-Schlepperpost“, einer werkseigenen Zeitschrift für Deutz-Kunden befolgt und auf einen 20 PS starken Deutz-Dieselmotor zurückgegriffen werden. Hier hieß es wörtlich: „Die in Lanz-Alldog-

Werbung für einen Alldog mit Deutz-Dieselmotor (Quelle: Deutz-Schlepperpost)

Geräteträgern ursprünglich eingebauten TWN-Motoren sind jetzt bei den meisten dieser Geräte ersatzbedürftig. Da diese Motoren nicht mehr gefertigt werden, suchte man nach anderen Antriebsquellen. Dabei haben sich die luftgekühlten Deutz-Dieselmotoren F 2 L 310 mit einer Fahrzeugleistung von 20 PS bei 2800 U/min als besonders geeignet erwiesen. Das beweist eine ganze Reihe von Umbauten. Der Umbau ist leicht und schnell zu bewerkstelligen."

Nun wäre es sicher kein Problem gewesen, von Beginn an auch werksseitig einen stärkeren und sicher wirtschaftlicheren Dieselmotor aufzubauen, den es damals auf dem Markt in ausreichender Zahl gab, wären dem nicht die firmenpolitischen Entscheidungen entgegengestanden. Hier nämlich, so erinnert sich ein beteiligter Zeitgenosse, war einige Zeit vorher ein Konstrukteur von Triumph zu Lanz übergewechselt, der die Zusammenarbeit mit dem Nürnberger Werk koordinierte, und dieser hatte mit allen Mitteln den Einbau eines anderen Motors verhindert. „Im Versuch stand ein großes Regal", so wußte er weiterzuerzählen, „voll mit den unterschiedlichsten Motoren, alle für den Geräteträger. Es waren sehr gute, gute und weniger geeignete Motoren dabei, doch der mit Abstand schlechteste Motor war der Triumph-Motor und der mußte eingebaut werden. Da aber Triumph damals keinen Dieselmotor im Programm hatte, kam eben nur ein Benzinmotor in Frage." Eine Entscheidung, deren Tragweite sicher erst Jahre später voll zu erkennen war, zu einer Zeit, als alle Möglichkeiten einer Korrektur vertan waren. Denn selbst heute ist es in der Fachwelt kein Geheimnis, daß diese Entscheidung, den Triumph-Motor einzubauen, nicht nur das gute Image dieser Weltfirma stark geschädigt hatte, sondern daß der daraus entstandene finanzielle Schaden mit das Ende von Lanz herbeiführte. Ein Schaden, der in die Millionen ging. Unbegreiflich, daß hier nicht rechtzeitig von höchster Ebene Einhalt geboten wurde, war es doch bis in diese höchsten Ebenen hinein bekannt, daß der Motor für den Geräteträger absolut nicht geeignet war. Für viele Käufer war dies damals Grund genug, den Kaufvertrag rückgängig zu machen oder den bevorstehenden Kauf aufzuschieben. Ein Großteil der Kundschaft sagte sogar einen sofortigen Kauf zu, der allerdings von der Lieferung eines zuverlässigen Dieselmotors abhängig gemacht wurde. Die Folge waren bis ins Uferlose sinkende Verkaufszahlen. Die verantwortlichen Herren bei Lanz hatten die Kundennähe verloren, man hatte einfach vergessen, daß jeder einzelne Geräteträger einen Kunden brauchte und nicht jeder Kunde einen Geräteträger. Eine Rechnung, die schließlich nicht mehr zu bezahlen war. Zwar erfuhr der Alldog im Laufe des Jahres 1953 mit dem Einbau eines Dieselmotors eine sehr wichtige Veränderung. Es wurde damit der längst überfälligen Entscheidung Rechnung getragen, allerdings – wie sich zeigte – wieder in die falsche Richtung. Der neue Dieselmotor stellte wiederum eine sehr unausgereifte Lösung dar. Er war als Weiterentwicklung aus dem Benzinmotor entstanden und brachte schon beim Starten einige Unsicherheit mit. Denn der Dieselmotor war ein „Halbdiesel", das heißt, er war wie ein Benzinmotor mittels Vergaser und Zündkerze zu starten, bevor ein Umschalten auf den wirtschaftlichen Dieselbetrieb möglich wurde. Doch das eigentliche Problem lag darin, daß die Triumph-Werke bei der Konstruktion den

Kam leider zu spät: Der Alldog mit einem zuverlässigen Dieselmotor.

Benzinmotor zugrunde legten und damit die höheren Verbrennungsdrücke wie auch die höheren Lagerdrücke nicht beherrschten. Ganz zu schweigen von der Drehzahl, die mit 3000 U/min für einen Dieselmotor dieser Bauart viel zu hoch war. Die Folgen daraus waren wiederum eine allzu kurze Lebensdauer eines ständig überlasteten Motors, denn auch er verfügte über eine Leistung von nur 12 PS. „Lanz richtete seinerzeit eine spezielle Reparaturwerkstätte ein", so erinnert sich ein weiterer Zeitgenosse. „Hier wurden nur die Alldog-TWN-Motoren repariert und auf den neuesten technischen Stand gebracht. Doch die Zahl der zu reparierenden Motoren nahm zum Teil solche Ausmaße an, daß trotz Dreischichtbetrieb monatelange Wartezeiten in Kauf genommen werden mußten." Hier halfen auch die Überarbeitungen des Motors nicht mehr, die 1955 und 1956 vorgenommen wurden. Zunächst war aus dem Halbdiesel ein Volldiesel mit elektrischer Vorglüheinrichtung und 13 PS Leistung bei gesenkter Drehzahl geworden, der dann nochmals mit einer Schallschutzhaube und einer lastabhängigen Kolbenschmierung versehen wurde. Damit sollte zum einen das knatternde Geräusch gedämmt werden, das bei vielen Kunden Verärgerung auslöste, zum anderen sollten die unangenehmen blauen Rauchfahnen aus dem Auspuff gemildert werden, die ebenfalls sehr viel Ärger verursachten. Doch alle Verbesserungen konnten nicht mehr dazu beitragen, den schlechten Ruf und einmal entstandene Rufworte wie Tut Wieder Nicht für TWN oder Knalldog statt Alldog zu beseitigen.

Erst mit dem unausweichlichen Ende vor Augen hatte man 1955 das Einsehen, den Geräteträger mit einem wirklich zuverlässigen und ausgereiften Dieselmotor auszurüsten. Im Verlaufe dieses Jahres waren um die 20 Bulldog-Typen im Verkaufsprogramm, rechnet man nur die landwirtschaftlichen Schlepper zusammen, ohne Straßenschlepper, ohne Schmalspurschlepper und ohne Spezialschlepper für Sonderkulturen. Eine Reaktion auf eine ungewisse, angstvolle Zukunft, deren Meisterung mit allen Mitteln versucht wurde. In dieser Zeit war es auch zum Bau zweier 12 und 16 PS starker Kleinschlepper mit MWM-Dieselmotoren gekommen. Motoren, die bei vielen Schlepperherstellern gerne Verwendung fanden und deren Zuverlässigkeit viele tausend Mal bewiesen war. Was also war naheliegender, als den stärkeren der beiden Dieselmotoren auf den Alldog aufzubauen, zumal dieser Motor auf 16 PS Leistung gedrosselt war und ungedrosselt bis zu 20 PS leisten konnte. Für den Alldog wählte man die Version mit 18 PS. Doch bis die ersten Geräteschlepper mit MWM-Motoren das Werk verlassen konnten, schrieb man bereits Juli 1956 und es war kein Geheimnis mehr, daß Verkaufsverhandlungen im Gespräch waren, die nur

wenige Monate später, am ersten Oktober desselben Jahres vollzogen wurden.
Sehr interessant ist hier die Tatsache, daß nach Erscheinen des Alldogs mit MWM-Motor, die ersten drei konnten noch im Juli 1956 verkauft werden, die mit TWN-Motor bestückten Alldogs nur noch bis Oktober anzubringen waren. Danach fand sich kein Käufer mehr. Die Kundschaft hatte also sehr schnell reagiert und sich am guten Produkt orientiert. Allerdings erreichten die monatlichen Verkaufszahlen auch hier kaum mehr als zwanzig bis dreißig Maschinen, sieht man von wenigen Ausnahmen ab. „Die unverkäuflich gewordenen TWN-Alldogs", so erinnert sich der Zeitgenosse, „standen lange Zeit auf Halde und wurden schließlich demontiert, um als Ersatzteile verkauft zu werden. Vor allem die Motoren wurden dringend gebraucht!"
Wurde damals und auch noch heute vielerorts der Geräteträger schlechthin für diese Entwicklung verantwortlich gemacht, so bleibt doch festzuhalten, daß es allein der viel zu schwache und kurzlebige TWN-Benzinmotor wie auch der TWN-Dieselmotor waren, die diese geniale Idee des Lanz-Systems in eine Sackgasse führten, aus der es kein Entrinnen mehr gab. Der MWM-Motor kam fünf Jahre zu spät, er konnte weder den Ruf noch die finanzielle Lage retten und dem Lanz-Geräteträger zu einer Zukunft verhelfen. Denn ganz sicher ist es keine Spekulation, hier zu sagen: Hätte man diesem ersten, wirklich genialen von solch großer Vielseitigkeit zeugenden Geräteträger von Anfang an einen zuverlässigen und langlebigen Dieselmotor aufgebaut, hätte die allgemeine Traktorenentwicklung einen anderen Verlauf genommen und der Geräteträger würde heute einen viel bedeutenderen Stellenwert in unserer Landwirtschaft einnehmen.

Der Motor-Geräteträger in Technik und Konstruktion oder: Der Alldog A 1205

Man nannte ihn schlicht den „Motor-Geräteträger", kurz MGT. Mit seiner Konstruktion jedoch hatte die Firma Lanz einige ihrer bewährten

Der Alldog mit Blick auf die Maschinen- und Motorenteile. Hier der Prototyp . . .

... und hier wie er dann in Serie gebaut wurde.

Grundsätze über Bord geworfen! Schon immer war es eine alte Tradition, alles in den eigenen Büros zu konstruieren und in den eigenen Werkstätten selbst zu bauen. Das beste Beispiel hierfür ist der über Jahrzehnte gebaute und den meisten bekannte Bulldog. Hier stammten nicht nur der Motor, Getriebe, Lenkung und die Achsen aus eigener Produktion, sondern selbst der Kolben und diffizile Motorenteile wie Regler, Einspritzpumpe und Einspritzdüse hatte man selbst gefertigt. Ganz anders bei dem neuen Geräteträger. Hier griffen die Konstrukteure schon beim Hauptbauteil, dem Getriebe und den daran angeflanschten Achstrichtern, auf ein Zukaufteil aus dem Angebot der Zahnradfabrik Friedrichshafen zurück.

Das Getriebe, zusammen mit den Achsschenkeln, war ein gängiges und bei anderen Schlepperherstellern gern verwendetes Bauteil, das im MGT jedoch verkehrt montiert wurde, das heißt, die im allgemeinen dem Motor zugewandte Getriebegehäuse-Vorderseite zeigte hier nach hinten. Es konnte damit auf einfache Weise der vom auf dem Getriebegehäuse montierten Motor kommende Kraftfluß über ein Zwischengetriebe auf die nach hinten zeigende Getriebegehäuseöffnung eingeleitet werden. Deshalb führten die mit dem Schalthebel auszuführenden Schaltwege beim Hochschalten von rechts nach links. Außerdem bewirkte diese verkehrte Einbauweise, daß die an der Getriebehinterseite vorhandene Zapfwelle nun nach vorne zeigend den Anbaugeräten zugewandt war. So ließ sich bei Bedarf die Motorkraft leicht anzapfen. Das Getriebe verfügte über fünf Vorwärts- und einen Rückwärtsgang, die mit nur einem Schalthebel zu schalten waren. Die damit erreichte Höchstgeschwindigkeit wurde mit 19,5 km/h bei Vorwärtsfahrt und 4 km/h bei Rückwärtsfahrt angegeben. Auf den Außenseiten der Achsschenkel war je ein Vorlegegetriebe montiert, das die Hinterachse zur Portalachse machte und dem Geräteträger eine große Bodenfreiheit bei niedrigem Schwerpunkt vermittelte. Ferner dienten die Achsschenkel als Träger der Hinterrad-Kotflügel, die bei den Prototypen noch eine runde Form zeigten, dann aber nach Bulldogart dachförmig abgeändert wurden. Außerdem hatte man auf Duplex-Bremsen für die Hinterachse zurückgegriffen.

Der Motor war ein luftgekühlter Doppelkolben-Zweitakt-Benzinmotor mit Gleichstromspülung. Er hatte zwei gleichlaufende Kolben, die an einer

gemeinsamen, gabelförmig endenden Pleuelstange befestigt waren. Die beiden Zylinderbohrungen mündeten in einen gemeinsamen Verbrennungsraum mit ebenfalls nur einer Zündkerze. Der leicht zugängliche und mit wenigen Handgriffen demontierbare Zylinderkopf war dazu mit einem Ventil ausgestattet, das auch als Einspritzhahn diente. Waren die Motoren mit einem pneumatischen Regler versehen, hatte man das Ventil werksseitig plombiert. Zur weiteren Ausrüstung zählten ein Vertikalvergaser, ein Naßluft-Ansaugfilter nach Zyklon-Bauart und ein Schwungrad-Lichtmagnetzünder. Die Schmierung des Motors erfolgte durch Beimischung von Schmieröl zum Kraftstoff im Verhältnis 1:20. Um den Motor vor Staub und besonders die Zündkerze vor Feuchtigkeit zu schützen, aber auch um die Kühlluft gut durch die Kühlrippen blasen zu können, hatte man dem kompletten Zylinder eine Schutzhaube verpaßt. Auch nach vorne hin war der Motorraum mit einer Haube versehen. Diese barg neben den elektrischen Bauteilen des Armaturenbrettes eine kleine Batterie, den Tank, und den Kraftstoff- und Luftfilter.
Der Startvorgang erfolgte von Hand, denn ein Anlaßmotor war nicht vorgesehen. Zuerst war der Zündschlüssel in das Zündschloß zu stecken und nach rechts zu drehen, der Benzinhahn zu öffnen, der Handgashebel um ein Drittel seines Hubs vorzustellen und dazu bei kaltem Motor der Vergaser über einen Tupfer-Knopf mit Kraftstoff zu füllen. Bevor nun der Motor mit einem kraftvollen Ruck über den Handstarthebel angeworfen werden konnte, war dieser erst zu entriegeln. Dieses Entriegeln wiederum bewirkte eine Zündverstellung in „Anlaßstellung" und war sofort nach Anlaufen des Motors durch Verriegeln des Handstarthebels wieder rückgängig zu machen. Hatte der Motor nach kurzer Laufzeit seine erste Kaltphase überwunden und einen „runden Lauf" erreicht, so war der Handgashebel auf „Standgas" zurückzunehmen, denn die weitere Drehzahlverstellung für den Fahrbetrieb konnte nun über einen Fußgashebel ausgeführt werden.

Der Triumph-Motor Gemo 450 im Schnitt und von verschiedenen Seiten.

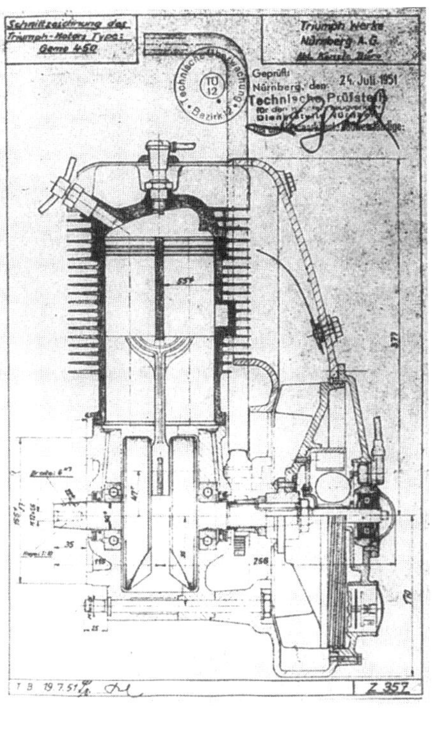

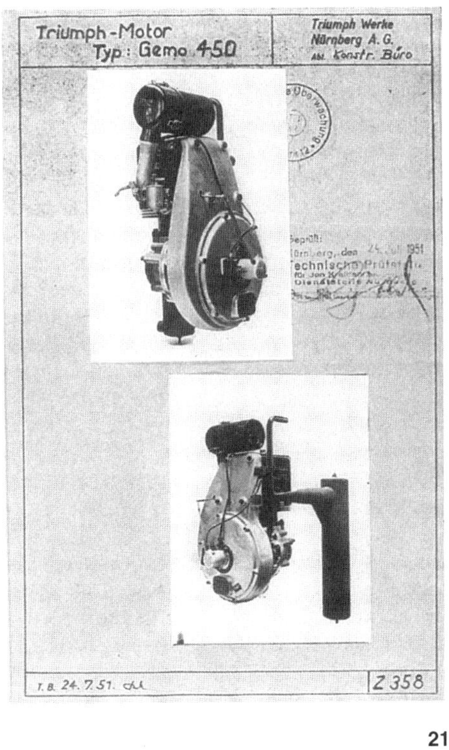

Ein Blick auf den Handstarthebel und Sperriegel.

Sollte der Motor wieder abgestellt werden, so war lediglich der Zündschlüssel eine Stufe nach links zu drehen.

Dieser für Fachfremde doch etwas umfangreichen und vielleicht nicht gleich verständlichen Beschreibung darf an dieser Stelle hinzugefügt werden, daß ein solcher Startvorgang für Benzinmotoren im unteren Leistungsbereich durchaus üblich war und in der Praxis mit wenigen Handgriffen erledigt werden konnte.

Bezogen wurde der Motor von den Triumph-Werken in Nürnberg, damals bekannt unter dem Firmenkürzel „TWN", als solider Motorrad- und Fahrrad-Hersteller. Aus dem bestehenden Motorrad-Programm hatte man als Antriebsquelle des MGT einen passenden Motor ausgesucht und ausgewählt. Um aber den anders gelagerten Einbauverhältnissen Rechnung zu tragen, erfuhr der Motor vor seiner neuen Verwendung eine konstruktive Umänderung und Umgestaltung.

Und so war er dann entstanden, der neue Geräte-Motor aus dem TWN-Programm als Antrieb für den Lanz-Geräteträger, mit der Typenbezeichnung „Gemo 450". Ein mehr oder weniger neuer Motor als Produkt der Zusammenarbeit zwischen Lanz und Triumph. Er verfügte über einen Bohrungsdurchmesser von 85 mm und einen Hub von 94 mm, woraus er seine Leistung von 12 PS schöpfte. Die Drehzahl war bei Erlangung der ersten Allgemeinen Betriebserlaubnis noch mit 3000 U/min angegeben, wurde aber kurz darauf auf 2800 U/min gesenkt, ohne jedoch eine Leistungseinbuße zu erleiden. Der TWN-Motor war stehend auf das Getriebe aufgebaut und direkt mit dem Getriebegehäuse-Deckel verschraubt und zwar so, daß das austretende Kurbelwellen-Ende nach hinten zur Kupplung zeigte.

Die Kupplung war in dem sich dem Motor anschließenden Gehäuse untergebracht und direkt mit dem Motor-Gehäuse verflanscht. Zum Einbau kam eine häufig verbreitete Einscheiben-Trokkenkupplung, mit dem Vorteil leichter Zugänglichkeit als Resultat dieser Bauart. Hier war bei den später gebauten Modellen auch der Anlasser-Zahnkranz untergebracht, der Anlasser-Motor wiederum war dann mit dem Kupplungsgehäuse verschraubt. Betätigt wurde die Kupplung über ein Fußpedal, deren Verbindung miteinander über ein Gestänge hergestellt wurde. In diesem Gestänge war an einer leicht zugänglichen Stelle ein Gabelkopf eingebaut, mit dem die Kupplung bei Bedarf nachgestellt werden konnte.

Das Zwischengetriebe stellte die Verbindung zwischen der Kupplung und dem eigentlichen Getriebe her. Es war als separates Bauteil ebenfalls in einem eigenen Gehäuse untergebracht und auf der Fahrzeugrückseite oben mit dem Kupplungsgehäuse und unten mit dem Getriebegehäuse verschraubt. Denn es war in seiner Bauart so gestaltet, daß der motorische, oben nach hinten laufende Kraftfluß über das Zwischengetriebe nach unten und wieder nach vorne in das Hauptgetriebe geleitet wurde. Gleichzeitig wurde bei der Konstruktion mit nur geringem Aufwand eine weitere, unabhängig schaltbare Zapfwelle für den hinteren Fahrzeugbereich eingebaut, deren Benutzung zum Antrieb für hinter dem MGT arbeitende Geräten zur Verfügung stand. Aber auch der Antrieb für die hydraulische Pumpe wurde aus dem Zwischengetriebe abgeleitet.

Der Fahrraum fand seinen Platz auf der rechten, hinteren Fahrzeugseite zwischen dem Motor-

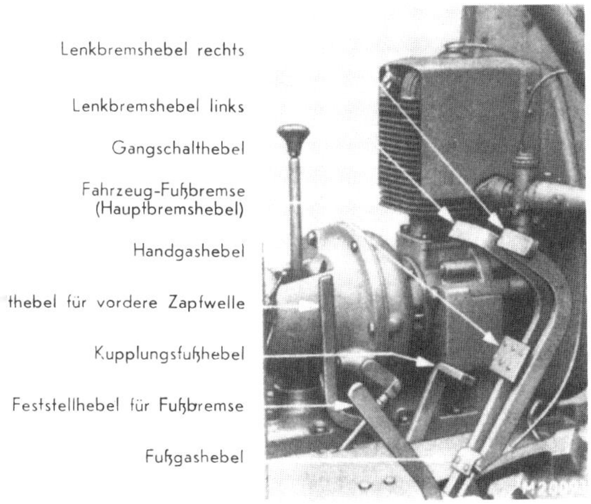

Der Fahrraum mit Bedienungselementen.

Kupplungs- und Zwischengetriebegehäuse als Begrenzung nach links und dem hinteren Kotflügel als Begrenzung nach rechts. Nach vorne begrenzte die erst senkrecht nach oben und dann waagerecht nach hinten führende Lenksäule den Fahrraum. Sie war mit zwei hintereinanderliegenden Lenkrädern ausgestattet, deren Bedeutung etwas später noch ausführlicher behandelt wird. Nach unten war der komplette Fußraum mit einer Blechplatte abgedeckt, an der wiederum der Fahrersitz befestigt war. Er wurde von der Fahrzeugmitte von hinten über die Ackerschiene bestiegen. Hatte man nun auf dem Fahrersitz Platz genommen, so fand man einen übersichtlichen und leicht bedienbaren Arbeitsplatz vor. Die Fußpedale fanden in üblicher Weise ihre Anordnung, links das Kupplungs- und unten rechts das Fußgaspedal. Dazwischen, aber noch auf der rechten Seite, waren die Pedale für die Fußbremse zu finden. Sie waren im Hinblick auf die häufige Betätigung, wie dies bei einem Geräteträger zu erwarten war, sehr bedienungsfreundlich gestaltet. Zwei großzügig gestaltete Fußhebel, jeweils als Einzelradbremsen für rechts und links, ragten nach oben und konnten bequem mit dem rechten Fuß bedient werden, während das eigentliche Bremspedal etwas tiefer zwischen diesen montiert war und beim Betätigen die Einzelbremspedale zusammen niederdrückte. Eine Handbremse im eigentlichen Sinn gab es nicht. Sollte der Geräteträger geparkt werden, so war die Fußbremse zu betätigen und über einen Handhebel zu verriegeln. Die Entriegelung erfolgte selbständig, sobald die Fußbremse kurz angetippt wurde.

Sehr übersichtlich und bequem zu erreichen waren auch die elektrischen Bauteile des Armaturenbretts, wie Zündschloß, Lichtschalter und Signalhorn-Druckknopf, die direkt vorne im Blickfeld angebracht waren.

Auf der linken Seite im Bereich von Kupplung und Motor waren Handgashebel, Getriebeschalthebel, Hydraulikhebel und die Schalthebel für die hintere und vordere Zapfwelle zu finden. Hier waren auch der Starter, der Entriegelungshebel, die Zündkerze, das Entlüftungsventil und der Vergaser leicht einzusehen und bei Störungen zu erreichen. Zusammen bildeten nun all die beschriebenen Bauteile den Antriebsteil oder auch das Hinterteil des Geräteträgers, denn alle diese Teile waren „rund um die Hinterachse und die

Durch den verdrehten Einbau des Getriebes waren auch die Schaltwege entgegengesetzt. Bei den ersten Typen standen selbst die Zahlen auf dem Schalthebel noch auf dem Kopf.

Hinterräder" montiert. Daran anschließend kam der Rahmen, der eigentliche Geräteträger, denn hier erfolgte der neuartige Geräteanbau.

Der Anbaurahmen mit Vorderachse, Lenkung und Hangsteuerung

Die Verbindung stellten zwei patentierte Gelenke* dar, eines in Längsrichtung und das zweite in vertikaler Richtung. Der Drehpunkt in Längsrichtung übernahm hierbei Unebenheiten zwischen Hinter- und Vorderachse. Beim herkömmlichen Schlepper war dies die Aufgabe der Vorderachse, doch hier mit dem Vorteil, daß der Geräterahmen und die angebauten Geräte immer die gleiche Neigung zu den Vorderrädern hatten. Der zweite Drehpunkt jedoch war neu. Durch ihn ließ sich der Anbaurahmen zusammen mit der Vorderachse zur Hinterachse einknicken, jeweils bis zu 10° nach rechts oder links und ermöglichte damit ein Spurhalten und genaues Feinsteuern bei Arbeiten quer zum Hang. Insgesamt nannte man diese neue Möglichkeit „die Hangsteuerung". Und nun zurück zu den zwei hintereinanderliegenden Lenkrädern auf dem waagerechten Lenksäulenende, deren Erwähnung beim „Fahrraum" erfolgte. Mit dem zweiten, vom Fahrer abgewandten Lenkrad ließ sich nun diese Hangsteuerung betätigen, wobei das erste Lenkrad die Funktion des üblichen Lenkrades übernahm. Zur Kontrolle über die eingestellte Verschiebung mit der Hangsteuerung waren am Rahmen ein Zeiger und eine Gradeinteilung angebracht, um den Grad der Verstellung immer einsehen zu können. Bei Straßenfahrten etwa verlangte das Werk strikte Rückstellung der Hangsteuerung, was wiederum eine solche Kontrollmöglichkeit voraussetzte. Allerdings hatte man die Lösung der senkrecht-waagrecht verlaufenden Lenksäule und den beiden Lenkrädern gerade recht für die Erstserie beibehalten, bis man sich auf eine einfachere und billigere Lösung besann. Nun nämlich wurde eine schräg nach unten führende Lenksäule mit nur einem Lenkrad entwikkelt, in deren Mitte eine Kurbel die Verstellung der Hangsteuerung übernahm.

Der Rahmen selbst wurde aus stabilen Rundrohren hergestellt, deren vordere Ecken mit kräftigen Formteilen verschweißt wurden. Das hintere linke Eck hatte man durch einen großzügigen Rohrbogen angelegt, und das rechte Eck war so gestaltet, daß das Lenkgehäuse paßgenau zum Einbau kam. Mit dieser Konstruktionslösung konnte die Verbindungswelle vom Steuerrad zur Roßlen-

* Der patentrechtliche Schutz dieses Doppelgelenks verhinderte den Nachbau bei allen Konkurrenzfabrikaten der folgenden Jahre, ausgenommen bei Eicher. Die Firma Eicher bezahlte an Lanz Lizenzgebühren und übernahm dafür den Nachbau der Hangsteuerung und desselben Lochstecksystems. Die Bodenunebenheiten jedoch hatte man bei Eicher über die Vorderachse ausgeglichen.

Rechts: die Hangsteuerung ermöglichte einen Ausschlag von je 10 Grad nach links und rechts

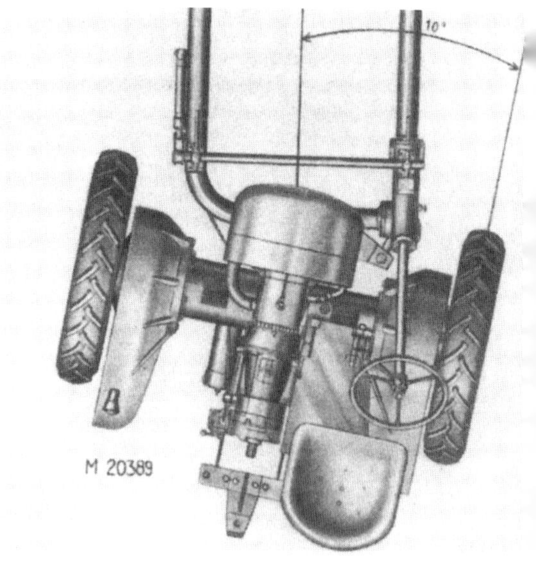

Ein Blick auf Lenkung und Vorderachse.

Mit diesem Hebel wurde die Hangsteuerung betätigt.

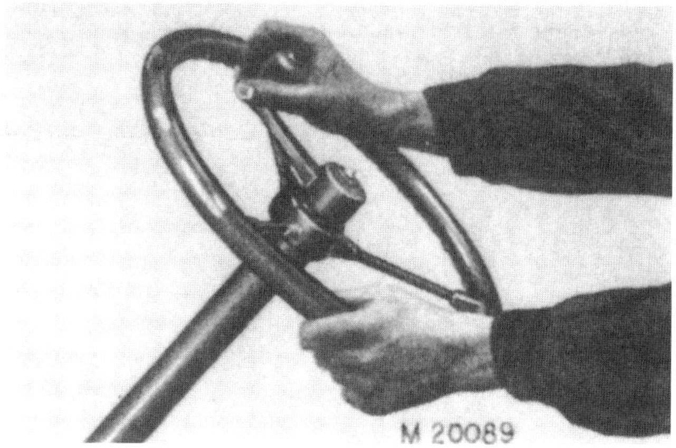

kung in der vorderen Rahmenmitte innerhalb des Längsholmes geführt werden und war damit von der Bildfläche verschwunden. Recht originell und dabei sehr praktisch für die Vorderachse gestaltet, die eigentlich keine Vorderachse im herkömmlichen Sinn darstellte. Lediglich zwei geschmiedete Tragarme führten vom Achslager zum Rahmen. Über eine Mutter ließen sich die Tragarme vom Rahmen lösen und konnten nun in verschiedenen Stufen nach innen oder außen geschwenkt werden, wobei die Justierung eine Feinverzahnung übernahm. Um nach dem Schwenken die Räder wieder geradezustellen, waren nun die Spurstangen ebenfalls mit wenigen Handgriffen zu verstellen. Mit dieser einfachen und geradezu genialen Konstruktion konnte, wo auch immer notwendig, die Spur der Vorderräder schnell und mit wenig Aufwand verstellt werden. Der Geräteanbau am Rahmen erfolgte zunächst durch Klemmhalterungen, die Aushebung mechanisch über große Handhebel, doch wurden auch diese Lösungen nach der Erstserie vereinfacht und verbessert. Zur Aushebung installierte man eine Hydraulik und für den Geräteanbau wurden Lochschienen an der Unterseite der Längsholme angebracht. Die Grundlage für ein einfaches aber wirkungsvolles Stecksystem, mit dem künftig alle Gerätschaften schnell und einfach am Rahmen montiert werden konnten.

Zum Ende des Jahres 1951 taufte man den Motor-Geräteträger in „Alldog" um. Wie es dazu kam und was der Name Alldog bedeutet, ist im übernächsten Kapitel ausführlich nachzulesen.

Bei den Prototypen war noch ein zweites Lenkrad montiert.

Das Lanz-System auf Deutschlandfahrt

Mit Auszügen aus dem „Lanz-Turm"

Werbung kostet Geld! Deshalb muß sie nutzbringend eingesetzt werden, am besten vor Ort direkt bei der Kundschaft. Dies wußte man bei Lanz sehr wohl, es wurde schließlich nicht das erste Mal praktiziert. Schon 1924 brachte man den Bulldog mit einer großangelegten Deutschlandfahrt von Mannheim nach Berlin der Bevölkerung nahe. Oder die große Werbefahrt anno 1953, als der 150000ste Bulldog dem Käufer auf eigener Achse zugestellt wurde.

1951 stand ähnliches mit dem Geräteträger bevor. Der Sommer ging dem Ende entgegen. In der Versuchsabteilung war ein überaus lebhaftes Treiben zu beobachten, denn alle Hände waren mit dem Fertigstellen von Vorführmaschinen am Werken, die Motorgeräteträger waren für die Deutschlandfahrt zu richten.

Dann war es endlich soweit. Am Morgen des dritten September hatten sich Fahrer samt Maschinen auf dem großen Gießereiparkplatz nahe der Pforte zwei aufgestellt, die Ladepritschen vollgepackt mit allen möglichen Gerätschaften für die geplanten Vorführungen. Kritische Blicke und flinke Hände prüften noch ein letztes Mal, Lampenfieber machte sich breit. Nicht nur unter den Beteiligten, auch unter den Zuschauern, die gekommen waren, den Abreisenden ein herzliches „Glückauf" zuzurufen. An dieser fieberhaften Erregung konnte auch der „Schnürlregen" nichts ändern, der unbarmherzig vom Himmel rann.

Als die Lautsprecher-Wagen noch einmal durchprobiert waren, das Rattern der Motoren anschwoll und der lange Zug sich Richtung Heinrich-Lanz-Denkmal in Bewegung setzte, da hatten sich auch viele aus den Hallen eingefunden, um zum Beginn der großen Reise dabei zu sein.

Ein jeder war sich bewußt, daß hier etwas Besonderes vor sich ging, daß es nicht nur ein paar Vorführungszüge waren, die man hinausschickt, sondern daß sich hier doch etwas ganz Neues zeigt. „Umbruch der Landtechnik" hatte die Presse zur DLG das Lanz-System genannt, und in der Tat, ein Scheideweg in der Motorisierung der bäuerlichen Wirtschaft schien sich mit dem Lanz-System aufzutun.

Bald hatten die Vorführungszüge die ersten Wochen hinter sich, der Regen am Abreisetag hatte einer anhaltenden Schönwetter-Periode Platz gemacht; die Vorführungen hatten sich eingespielt und überall große Zustimmung gefunden. Die gesamte landtechnische und landwirtschaftliche Presse, wie auch die großen Tageszeitungen mit ihren landwirtschaftlichen Beilagen berichteten

Die Vorführungszuge vor am Lanz Denkmal

in umfangreicher Weise über diese neue Erscheinung. Wieder einmal hatte das Lanz-Werk dem landtechnischen Fortschritt einen neuen Impuls gegeben; wieder ist der Begriff Lanz hinausgegangen als Künder der Fortentwicklung, der Vervollkommnung und der Verbesserung.

Drei Züge hatte man zusammengestellt und drei Reiserouten ausgesucht, wovon zwei in den Norden und eine in den Süden und Südosten Deutschlands führte. Die im Osten liegenden Länder der DDR durften nicht mehr einbezogen werden. Mit der ersten Route erreichte man die Ländereien zwischen den Städten Mannheim, Braunschweig, der Insel Fehmarn, Flensburg, Bremen, Hamburg und Frankfurt. Die zweite Route verlief etwas weiter westlich und erreichte die Städte Mainz, Koblenz, Osnabrück, Oldenburg und Norden als den nördlichsten Punkt. Von hier ging es zurück über Leer, Münster, Düsseldorf, Köln, nach Trier und zurück nach Mannheim. Die dritte Route erreichte die Ländereien zwischen den Städten Mannheim, Freiburg, Ravensburg, München, Passau, Schwandorf, Bayreuth und Coburg, dann zurück über Würzburg, Weissenburg, Ulm, Ludwigsburg und wieder nach Mannheim.

Drei Monate waren die Vorführzüge unterwegs, um das Lanz-System der Fachwelt zu präsentieren und runde 5000 km hatte jeder Zug zurückgelegt. In mehreren hundert Vorführungen fanden sie bei vielen tausend Bauern offene Ohren und wache Augen und kehrten mit großem Erfolg zurück als Pioniere einer neuartigen Land- und Feldbearbeitung.

Am 10. Dezember erreichten die Mannschaften wieder ihre Heimatstadt Mannheim und konnten noch am Vormittag im geschlossenen Zug samt Begleitfahrzeugen die Pforte passieren. Groß war das Hallo der Arbeitskollegen, die ihnen beim Vorbeifahren zujubelten, doch die große Überraschung erwartete sie in der Grünanlage vor Bau 51. Neben Prof. Dr. Knolle im Kreise mehrerer leitender Herren, einer Abordnung des Betriebsrats und etlichen Pressevertretern konnten die Fahrer und Begleiter endlich wieder ihre Frauen in die Arme nehmen. Warme Worte herzlicher Dankbarkeit, Stolz und Freude klangen dabei aus den Lautsprechern und sorgten für eine herzliche Stimmung. Danach vereinte ein nettes Beisammensein die Teilnehmer in der nach dem Krieg neuerbauten Gießerei-Kantine. Prof. Dr. Knolle nahm die Gelegenheit zu einer eingehenden Darlegung über Sinn und Zweck der Geräteträger-Entwicklungen wahr. Seine Ausführungen wurden mit großer Aufmerksamkeit verfolgt, und sie endeten mit der Überreichung einer Erinnerungsmappe für jeden Teilnehmer. Auch der Betriebsratsvorsitzende sprach mit Herz und Seele zu allen Anwesenden. Insbesondere brachte er zum Ausdruck, daß jeder Werksangehörige den Fahrtverlauf der einzelnen Züge mit großem Interesse verfolgt hatte. Frisch und munter antwortete ein Herr Ritsch für die junge Generation, die sich auf der langen Fahrt so sehr bewährt hatte. In lockerem Gespräch folgten noch begeistert vorgetragene sachliche Berichte und mit Heiterkeit geschilderte lustige Begebenheiten, die allen ein Erlebnis besonderer Art waren.

Veranstaltung zur Rückkehr am 10. Dezember: Prof. Dr. Knolle und Dr. Wallmann stehen zum Empfang bereit, Herr Melles begrüßt am Mikro.

Ein Kind

sucht einen Namen!

Bevor ein Kind geboren wird, sind sich meistens die Eltern schon über den Namen im Klaren; häufig gibt man ihm einen Namen, der den wahrscheinlichen Eigenschaften des Kindes entsprechen könnte: Siegfried - wenn man glaubt, es würde ein Atleth werden, Hein - wenn man in ihm einen zukünftigen Seefahrer vermutet, und Rita - wenn die liebe Kleine den Liebreiz zur Schönheitskönigin oder die Talente eines Filmstars entwickeln könnte . . .

Das jüngste Kind der Familie LANZ jedoch kam auf die Welt und - die Eltern kratzten sich etwas verlegen am Kopf. Es war ein hübsches Kind, allerdings etwas aus der Art geschlagen, aber ganz bestimmt würde es einmal sehr berühmt werden. Die üblichen Namen waren alle ungeeignete, nein, dieses Kind, von dem man so viel erwartete, mußte einen Namen bekommen, der allen seinen guten Eigenschaften entsprach.

Und so erhielt er denn nur einen vorläufigen Namen, und um diesen in einem Atemzug zu nennen, mußte man erst einmal tief Luft holen: LANZ-Motor-Geräteträger! Seine Angehörigen riefen das Kind kurz MGT, manche sagten sogar MTG, aus lauter Gewohnheit, weil sie an das Firmen-Kurzzeichen der „Mannheimer Transportgesellschaft" dachten.

Der kleine MGT gedieh prächtig, er war ein Wunderkind sozusagen. Kaum war er auf der Welt, da lief er schon. Er lief durch das ganze Bundesgebiet und jeder, der ihn sah, blieb vor Verwunderung stehen, legte den Finger an die Nase und lächelte wohlwollend, wenn der MGT seine Künste vorführte.

Die Familie LANZ freute sich natürlich über ihren jüngsten Sprößling, und als der MGT nach 12 Wochen von seiner Deutschlandfahrt zurückkam, war er so berühmt, daß die Namenswahl nur noch schwieriger wurde.

Es kam zu einem Preisausschreiben, keines für die breite Öffentlichkeit, sondern eines, das unter dem Motto: „Wir suchen einen Namen" anläßlich der Rückkehr der Vorführungszüge von der Deutschlandfahrt die Mannheimer Belegschaft anregen sollte, bei der Suche nach einem Namen tatkräftig mitzuhelfen. Alle fühlten sich angesprochen, und vierzehn Tage lang sah man im Werk bei uns viele Menschen, die mit gefalteten Stirnen gedankenverloren einherschritten und einen Namen suchten.

Und dann erhielten wir die ersten Vorschläge, und ich kann euch sagen, Freunde, es war eine solche Vielzahl, daß es schwer fällt, sie zusammenzufassen. Aber wir wollen wenigstens die häufigsten und die originellsten der 1153 eingereichten Vorschläge anführen.

Zu der ersten Gruppe gehören:

LANZ-Knecht (77 mal), -Roboter (57 mal), -Kuli (49 mal), -Universal (39 mal), -Muli (23 mal), -Pionier (23 mal), -Matador (17-mal), -Triumph (11 mal).

Und hier die originellsten:

LANZ-MOLTGE, HELAMOGEWA, Schollen-Ideal, Globus-Marder, LANZ-Star, Acker-Teufel

und einer schlug sogar

Grillenkitzler

vor.

Trotz so vieler und manch heiterer Vorschläge befand sich doch keiner darunter, der die vielseitigen Eigenschaften des LANZ-Motor-Geräteträgers zum Ausdruck brachte, die diese interessante und bedeutende Neu-Entwicklung doch in sich trägt.

So hat sich denn der Vorstand zu einem Namen entschlossen, der außer Wettbewerb vorgeschlagen wurde und der wirklich das ausdrückt, was der Geräteträger ist. Er heißt nun

Alldog

Die erste Silbe dieses neuen Begriffes weist auf die allseitige Verwendung hin und die zweite Silbe zeigt seine Abstammung an. Der Name Alldog hat im In- und Ausland, insbesondere auch in den englisch-sprechenden Ländern Anklang gefunden und wird, so dürfen wir wohl hoffen, dem Hause LANZ so viel Ehre einlegen, wie es der Bulldog nun schon seit mehr als 30 Jahre tut. Allen unseren Werksangehörigen und Freunden des Hauses LANZ sagen wir unseren herzlichsten Dank für ihr Interesse, das sie bei der Taufe des jüngsten Kindes in der langen Ahnenreihe der LANZ-Erzeugnisse an den Tag legten.

Ein Kind sucht einen Namen

Wie der Bulldog zu seinem Namen gekommen ist, wissen wir nicht mit letzter Sicherheit. Zwar gibt es Erinnerungen einstiger Mitarbeiter, die uns überliefert wurden und die mitunter auch zu Spekulationen verleiten, doch die letzte Sicherheit fehlt. Ganz anders ist dies beim Alldog, der keine Zweifel offen läßt. Zu Beginn hatte er zunächst zwei Namen: Der „Motor-Geräteträger" kurz „MGT" oder das „LANZ System". Doch war von vornherein klar, daß es dabei nicht bleiben sollte. Wie jedoch der Name „Alldog" entstand und was damit ausgedrückt wird, läßt sich in Heft 1 Jahrgang 1952 der Zeitschrift „Lanz-Turm" in sehr eindrucksvoller Weise nachlesen. Damit nun allen Spekulationen die Grundlage im Vorfeld entzogen wird, soll Ihnen dieser Artikel nicht länger vorenthalten und in vollem Umfang wiedergegeben werden.

Alldog A 1215 mit neuem Motor

Das umfangreiche Bauprogramm von Lanz bot immer wieder neue und verbesserte Produkte, die für die Leistungskraft der bäuerlichen Betriebe

So präsentierte sich der Alldog mit neuem 12-PS-Dieselmotor.

von großer Bedeutung waren. Um diese Produkte der breiten Öffentlichkeit in passendem Rahmen zugänglich zu machen, nutzte man die DLG-Wanderausstellungen.

Diesmal war es die 42. DLG-Ausstellung in Köln, die vom 31. Mai bis 7. Juni 1953 ihre Pforten geöffnet hatte. Lanz konnte im Bulldog-Geschäft große Erfolge verbuchen. Man erinnere sich: Im November 1952 war die neue Schlepperreihe mit den ebenfalls neuen Mitteldruck-Motoren herausgekommen. Der Glühkopfmotor war endlich besiegt! Gleich drei Leistungsklassen mit 17, 22 und 28 PS hatte man abgedeckt, doch die Sensation lag in dem um ein Drittel gesenkten Kraftstoffverbrauch. Damit konnte Lanz in den wenigen Monaten von November bis Sommer über Fünftausend dieser neuen Bulldogs verkaufen.

Neu hinzugekommen und auf der Messe erstmalig vorgestellt war der Dreirad-Reihenfrucht-Bulldog D 2803, ein vorwiegend für den Export bestimmter Spezialschlepper. Er war vorgesehen für Saat- und Pflegearbeiten in Baumwollplantagen, Maiskulturen und dergleichen. Der Schlepper war als Tragschlepper ausgebildet, das heißt, die Geräte wurden unter dem Schlepperrumpf im Zwischenachsbereich montiert, und die Bedienung erfolgte hydraulisch.

Ebenfalls neu auf der DLG-Ausstellung war der Alldog mit Dieselmotor, der wiederum – wie schon zwei Jahre zuvor in Hamburg – großes Interesse der Fachwelt auf sich zog. Und er war zugleich ein großer Hoffnungsträger für all jene unter den Bauern, die sich inzwischen uneingeschränkt zum Lanz-System bekannt hatten, die ihren Betrieb umgestellt hatten und nur noch auf einen zuverlässigen und sparsamen Dieselmotor mit der vertrauten Bulldog-Qualität und Bulldog-Lebensdauer warteten.

Der neue Motor war ein luftgekühlter Einzylindermotor in stehender Bauart, der nach dem Zweitaktverfahren mit Umkehrspülung und ohne Ventile arbeitete. Er leistete wiederum 12 PS, die er aus einem Hubraum von 533 ccm und einer Drehzahl von 2800 U/min schöpfte. Der Bohrungsdurchmesser wurde mit 85 mm angegeben, der Hub mit 94 mm. Ausgestattet war er mit einem wartungsfreien Druck-Zyklonfilter, der aber bald gegen einen Ölbad-Luftfilter ausgetauscht wurde, einem über Fußpedal bedienbaren Drehzahlregler und einer elektrischen Starteinrichtung. Die Verbrennung erfolgte in dem kegelförmigen, zum Zylinder hin offenen Brennraum, dessen Boden der obenstehende Kolben bildete. Einspritzdüse und Zündkerze mündeten ebenfalls in den Brennraum. Der Kraftstoffverbrauch wurde mit etwa einem Liter pro Stunde angegeben und war damit nahezu gleich mit dem der Bulldog-Motoren.

Die Schmierung der Motorenteile Kolben, Pleuel-

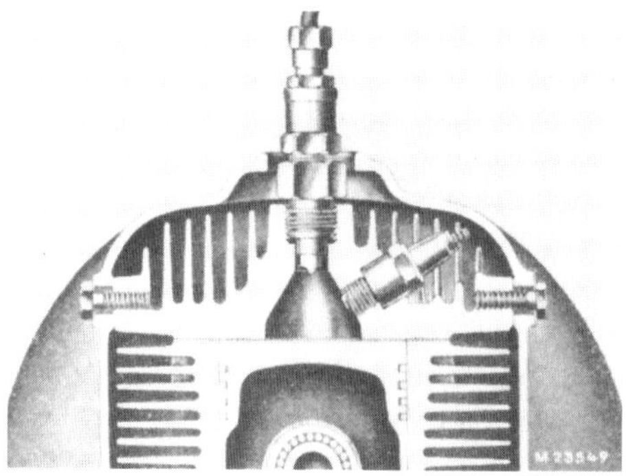

Ähnlich dem Bulldogmotor auch der Alldog-Diesel: Die Verbrennung erfolgt in einem kegelförmigen zum Zylinder hin offenen Brennraum.

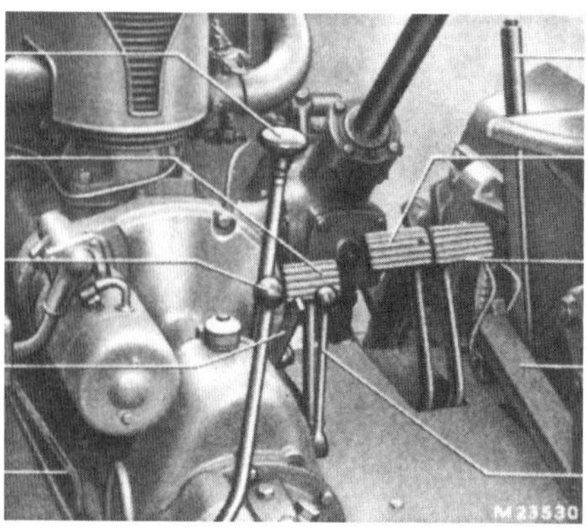

Der Fahrraum mit Blick auf den Anlasser.

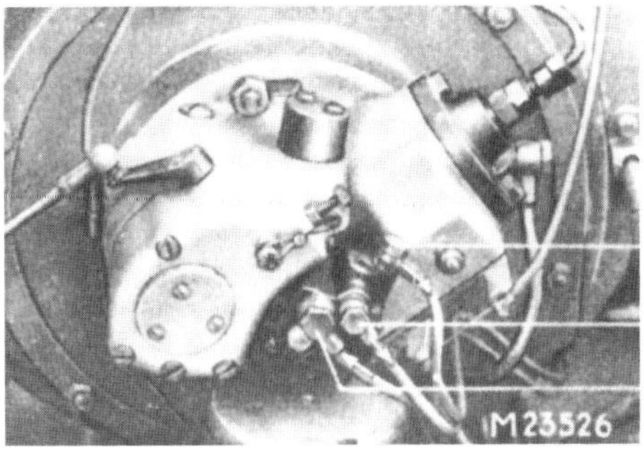

Die Schmierung der Motorenteile

lager und Hauptlager geschah selbständig über eine Schmierölpumpe, die ihren Antrieb über die Kurbelwelle erhielt. Die Ölfördermenge der einzelnen Schmierstellen war werksseitig eingestellt und plombiert.

Sehr wichtig bei dieser Reglerbauart war das Einhalten des vorgeschriebenen Ölstandes im Reglergehäuse, da sonst der Regler die Motordrehzahl nicht mehr regeln konnte und als Folge der Motor nach oben überdrehte.

Ganz sicher zeigte der Dieselmotor mit diesen Merkmalen eine starke Verbundenheit mit den neuen Lanz-Mitteldruckmotoren, befremdend war aber der kleine Hubraum und die damit zwangsläufig hohe Drehzahl, die die Abstammung vom Motorradmotor nicht verleugnen ließ. Insgesamt stellte der Motor in seiner gedrungenen, glatten Bauart eine komplette Einheit dar, die ohne besondere Hilfe mit wenigen Handgriffen ausgetauscht werden konnte, was durch ein geringes Gewicht noch unterstützt wurde.

Der Tank war hier nicht mehr mit dem Motor verbunden, er wurde als separates Bauteil geliefert und fand auf dem linken Kotflügel seinen Platz. Er war in drei Kammern unterteilt, was durch die drei Schraubverschlüsse äußerlich sichtbar wurde, und er beinhaltete nach Bulldogart neben Gasöl das zum Starten notwendige Benzin und Schmieröl.

Auch die elektrischen Bauteile samt den Kontroll- und Bedienungselementen wie Zündschloß, Anlaßknopf, Kontrollampe und der Sicherungskasten waren in einer mit Blech verkleideten Konsole zwischen Tank und Kotflügel untergebracht und bequem zu erreichen.

Um den Startvorgang des Motors zu ermöglichen, war er mit einer Batteriezündanlage ausgestattet. Diese setzte sich aus einer Zündspule, einem Unterbrecher und einem Kondensator zusammen. Der Unterbrecher fand seinen Platz direkt neben der Kraftstoffpumpe und wurde gleichzeitig vom Pumpenwellen-Nocken ange-

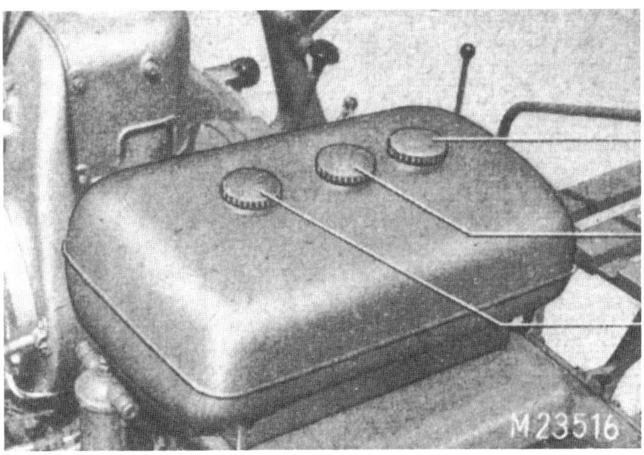

Der Tank war beim Alldog-Diesel auf dem linken Kotflügel befestigt. Neben dem Diesel- und Öltank war noch ein Benzintank vorhanden.

Anstelle eines Handgashebels war das Fußgaspedal mit einem Rastenbügel ausgerüstet.

trieben. Um ihm bestmöglichen Schutz vor Nässe zu bieten, hatte man ihm eine Gummischutzkappe übergezogen.

Zum Starten des Motors war nach dem Öffnen der Kraftstoffhähne Benzin und Diesel der Handgashebel der Ansaugrohr- und Drosselklappe auf Anlaßstellung zu bringen. Damit wurde der Benzinfluß zum Vergaser geöffnet, die Zündung eingeschaltet und die Saugrohrklappe geschlossen, so daß die Luft nur noch über den Vergaser angesaugt werden konnte. Dann war der Zündschlüssel ins Zündschloß zu stecken und durch Tiefdrücken der Zündstrom einzuschalten, womit gleichzeitig die Ladekontrollampe eingeschaltet war. Nun war über den Vergasertupfer der Vergaser mit Benzin zu füllen, der Schieber des Starter-Luftansaugfilters je nach Außentemperatur mehr oder weniger zu öffnen und der Abstellhebel in Stopp-Stellung zu bringen. Waren diese wenigen Handgriffe erledigt, so konnte der Motor über den Anlasserknopf elektrisch gestartet werden.

Nach dem Anlaufen mußte die Ladekontrolllampe verlöschen. Dann war der Anlaßhebel von Stellung A zur Stellung B zu bringen, was ein Umschalten von Benzin auf Gasöl bewirkte. Lanz empfahl aber, vor dem Umschalten eine Anlaufzeit je nach Temperatur von zwei bis drei Minuten im Sommer oder vier bis fünf Minuten im Winter einzuhalten. Damit der Motor während der Anlaufphase mit erhöhter Drehzahl betrieben werden konnte, stand ein Rastenbügel zum Tiefdrücken des Fußgaspedals zur Verfügung, denn es wurde davor gewarnt, den Motor keinesfalls längere Zeit ohne Belastung, vor allem nicht im Benzinbetrieb laufen zu lassen.

Neu am Alldog A 1215 war neben dem Motor auch das Kriechganggetriebe, das aber nur auf Wunsch geliefert wurde. Es war in einem Gehäuse nach der Kupplung untergebracht und über einen Hebel in zwei Stufen zu schalten.

Stufe I gestattete die Verwendung der normalen Fahrgeschwindigkeit, während Stufe II diese Geschwindigkeit auf die Hälfte reduzierte.

Nicht mehr geändert hatte man die dem neuen Bulldog-Programm angepaßten Hinterradkotflü-

Rechte Seite:
Werbung anno 1952: Alldog mit Benzinmotor

Die ersten Diesel-Alldogs waren noch mit einem Kriechganggetriebe ausgerüstet.

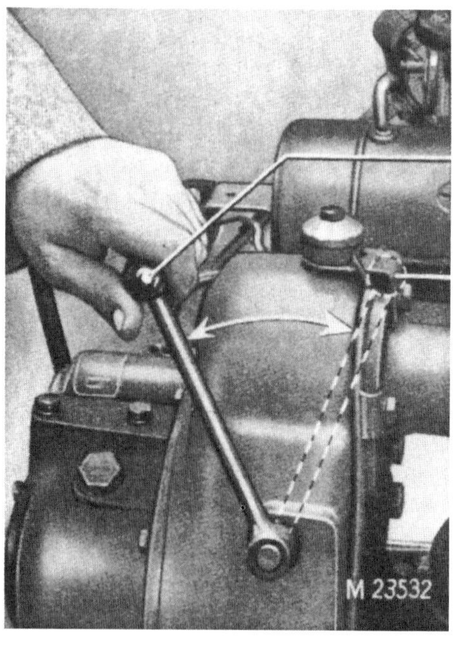

Vielseitig
wie die Praxis
LANZ
LANZ
Alldog

Einer der wenigen noch mit Original-Motor erhaltenen Alldogs vom Typ A 1215 steht im John-Deere-Werksmuseum. *Foto: John-Deere-Werk, Mannheim*

Zwei Jahre restaurierte Ralf Ischdonat aus Friedrichshafen an seinem Alldog A 1305, bis er in dieses Schmuckstück verwandelt war. Der Alldog ist mit einer Sitzpritsche ausgerüstet, die bis zu vier Personen Platz bietet. *Foto: Kurt Häfner*

Dieser Alldog A 1305 Baujahr 1956, ist in der „Sammlung alter Bulldogs, Traktoren und Geräte" des Barons von Süsskind-Schwendi in 7959 Schwendi zu bewundern. Eine Sammlung, die man unbedingt gesehen haben muß. Besuche sind samstags, sonntags und nach Voranmeldung möglich. **Foto: Kurt Häfner**

Seit 1962 ist dieser Alldog bei der Familie Wenzel, Gasthof zum Wilden Mann in Kappel am Bodensee, auf dem Hof und damit täglich im Einsatz. Da der TWN-Motor alle zwei Jahre überholungsbedürftig war, montierte der findige Besitzer einen Deutz-Motor und eine Motorhaube. Seit dieser Zeit wurde aus dem Alldog ein zuverlässiger Helfer. **Foto: Kurt Häfner**

LANZ ALLDOG
meistert jede Arbeit
LANZ
Alldog

Fließbandmontage beim Alldog.

gel, die zunächst rund waren. Die neue, dachförmige Form erleichterte jetzt die Montage von Tank und Elektrokasten-Konsole und auch des Beifahrersitzes erheblich.

Neu war die Konstruktion des Fahrersitzfußes. Die Federung kam durch die Verformung eines Gummis zustande, der zwischen zwei als Parallelogramm gelagerten U-Schienen eingespannt war. Eine Lösung, die sich so gut bewährte, daß sie ab 1955 in allen Volldiesel-Bulldogs übernommen wurde.

Linke Seite:
Werbung für den Alldog A 1305

Alldog A 1305 mit Volldiesel-Motor

Neu war er nicht, der Motor, doch aber neu überarbeitet und damit zum Lanz-Volldieselmotor weiterentwickelt. Der Grund der Umstellung lag in der allgemeinen Weiterentwicklung der Bulldogmotoren, die in den neuen Bulldog-Typen der 16er-Serie nunmehr elektrisch vorgeglüht und gestartet werden konnten. Der Anlasser wurde damit in das Paket der Grundausrüstung aufgenommen und zählte nicht mehr zum Sonderzubehör gegen Aufpreis. Ebenfalls wegfallen konnten auch der bisher noch notwendige Benzintank mit allen Installationsteilen, die Zündspule und Zündkerze. Beim neuen Alldog-Motor war es ähnlich. Auch hier konnten der Benzintank mit Zubehör und die Zündkerze eingespart werden, womit das eingesparte Tankvolumen nunmehr

Der Alldog A 1305 mit Volldiesel-Motor von vorne . . .

. . . und in der Ansicht von hinten.

Der Fahrraum mit Blick auf den Handgashebel oder „Kraftstoff-Handhebel".

dem Dieseltank zur Verfügung stand. Ebenso fielen die komplette Zündanlage und der Vergaser der Einsparung zum Opfer. Eigentlich eine recht positiv zu bewertende Sache, denn damit wurde der neue Motor wiederum ein Stück zuverlässiger, hatte doch der Startvorgang mittels Vergaser manchmal viel Ärger mit sich gebracht!

Der Alldog-Volldiesel benötigte keinen Benzintank mehr.

Der Motor selbst jedoch wurde nicht verändert, die Drehzahl von 2800 U/min sowie der Bohrungsdurchmesser von 85 mm und der Hub von 94 mm wurden beibehalten. Doch es war gelungen, die Leistung von 12 auf 13 PS Dauerleistung zu erhöhen.

In den Verbrennungsraum mündete nun eine Glühkerze, die mit Hilfe des Glühschalters elektrisch vorgeglüht werden konnte. Der Startvorgang erfolgte über den Anlasser, der serienmäßig in jedem Alldog zu finden war. Übrigens drehte der Anlasser den Motor beim Startvorgang über den oberen Totpunkt voll durch, weshalb hier kein Pendelstarter wie beim Bulldogmotor notwendig war. Neu war auch der Glühüberwacher, der zusammen mit dem Vorglüh-Anlaßschalter in der Schaltkastenkonsole zwischen Tank und linkem Hinterradkotflügel untergebracht war.

Sehr vorteilhaft war beim neuen Motor auch der Kraftstoff-Handhebel, der uns als Handgashebel besser geläufig ist. Er war in der Nähe des Kupp-

Ein Blick auf den Elektrokasten unterhalb des Tanks.

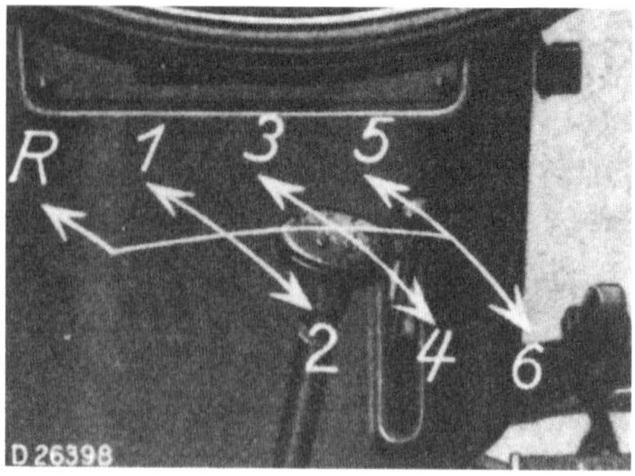

Anstelle des Kriechganggetriebes kam ein Sechsganggetriebe zum Einbau, wobei der erste Gang als Kriechgang ausgelegt war.
Auch dieses Getriebe kam verkehrt zum Einbau. Zum Vergleich: Das ZF-Getriebe im D 1306 (rechtes Bild).

lungsgehäuses plaziert und ersetzte den doch etwas umständlich zu handhabenden Rastenbügel der Kraftstoff-Fußpedalarretierung.
Geliefert wurde der neue Alldog mit der Typenbezeichnung A 1305 ab Januar 1955. Hierbei hatten die ersten Maschinen noch das Fünfgang-Getriebe. Dies wurde jedoch nur kurze Zeit später durch ein Sechsgang-Getriebe ersetzt. Der sechste Gang diente aber nicht dazu, die bei allen Alldogs immer etwa um bei 20 km/h liegende Endgeschwindigkeit zu erhöhen, sondern die Geschwindigkeitsabstufungen innerhalb dieses Bereiches feiner zu gestalten, vor allem aber, um den ersten Gang als Kriechgang nutzen zu können. Damit war auch das kurze Zeit als Sonderwunsch gelieferte Kriechganggetriebe wieder überflüssig.

Der Alldog A 1315 mit verbessertem Volldiesel-Motor.

Der Motor im Schnitt

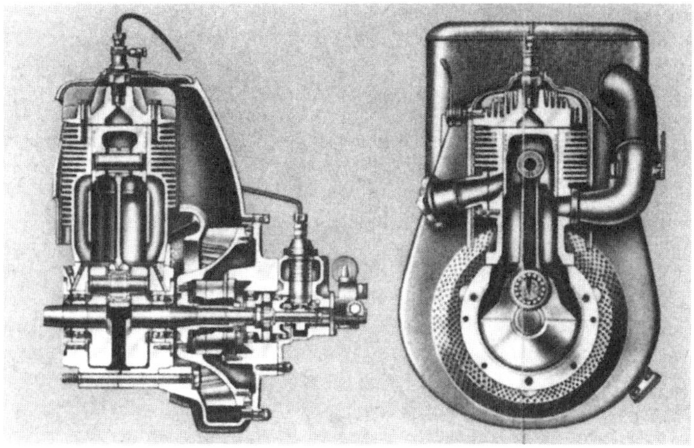

Letzte Motoränderungen führen zum Alldog A 1315

„Das Alldog-System hat sich in der Praxis tausendfach bewährt." So stand es im „Lanz-Turm", der hauseigenen Zeitschrift, Anfang 1956 zu lesen. „Die Zahl der Betriebe, die mit ihm vollmotorisiert sind, ist außerordentlich hoch. Der Grund dafür liegt in der Konstruktion selbst. Sie gewährleistet infolge guter Gewichtsverteilung und durch die Erhöhung der Bodenhaftung bei beladener Pritsche oder durch die Geräte günstige Übertragung der Motorleistung bei kleinstem Schlupf. Die besonderen Vorteile des LTD-Motors in bezug auf Leichtigkeit und Temperament führten dazu, daß mit diesem Motor auch der 13-PS-Lanz-Schlepper ausgerüstet wurde, mit dem Ergebnis, daß die Zugleistung dieser leichten Maschine außerordentlich groß ist."

Durchaus optimistische Zeilen, die man damals zu lesen bekam, doch in Wahrheit bereitete der Motor immer noch große Sorgen, vor allem in den Alldogs.

Die Lebensdauer war bei harten Einsätzen nach wie vor viel zu kurz. Doch auch wenn die Motoren neu waren, gaben sie Anlaß zur Unzufriedenheit. Die übermäßige Rauchentwicklung und das laute, ratternde Geräusch waren die hauptsächlichen Ursachen dafür.

Und gerade diese Mißstände wollte man nun endlich vollends beseitigen.

Die Kolbenschmierung beispielsweise war bisher immer gleichbleibend, egal welche Leistung der Motor gerade zu erbringen hatte. Die Folge war eine Ansammlung unverbrannten Öls im Verbrennungsraum bei geringer Belastung oder im Leerlauf, die dann bei größer werdender Bela-

Auch der Bulldog D 1306 wurde mit dem verbesserten Motor ausgerüstet.

stung mit starkem Rauchanteil verbrannt werden mußte.
Glaubt man jedoch den Angaben einiger Zeitgenossen, so hatte man dieses Problem nie ganz in den Griff bekommen. Anders war es bei der Lautstärke. Die über den Zylinderkopf reichende Aluminiumhaube wurde mit einer schalldämmenden Isoliermatte ausgeschlagen, um das Ansaug- und Verbrennungsgeräusch zu drosseln und angenehmer zu gestalten. Hier wirkte sich allein schon die Alldog-Bauweise nachteilig aus, lag doch der Verbrennungsraum des Motors kaum einen Meter von den Ohren des Fahrers entfernt und war nur durch diese Aluminiumhaube isoliert. Beim herkömmlichen Schlepper war dieser Abstand mindestens doppelt so groß. Hinzu kamen massivere Bauteile der Motoren, das Wasser der Kühlung und nicht zuletzt die Motorhaube, die als Maßnahmen der Schallisolierung dem Standardschlepper ebenfalls zugute kamen. Zu den neuen Schallschutzmaßnahmen zählte auch ein neu konstruierter Auspuff. Er war jetzt so abgeändert, daß insbesondere die hochfrequenten Schmettergeräusche gedämpft und für das menschliche Ohr angenehmer gestaltet wurden.
Insgesamt war es gelungen, die Lautstärke um fünf Phon unter die damals gesetzlich vorgeschriebene Grenze zu legen.
Der Alldog A 1315 war über die Motoränderungen hinaus noch mit etwas breiteren Kotflügeln ausgestattet, die hintere Reifengröße 8 × 24 AS hatte man vom Vorgänger übernommen.

MWM: Firmengeschichte in Stichworten*

MWM, ein Begriff in unserer technisierten Welt! Und ein Begriff für deutsche Qualität im Motorenbau. MWM steht für „Motoren-Werke Mannheim" und damit für eine der ältesten Motorenfabriken der Welt. Daß aber die Gründung auf einen weltbekannten Pionier zurückgeht, zählt heute selbst

Carl Benz, der Gründer der Motorenwerke Mannheim.

in Fachkreisen nicht immer zum allgemeinen Grundwissen, denn dahinter stand kein geringerer als Carl Benz, einer der beiden Erfinder des Automobils!
Carl Benz erblickte **1844** in Karlsruhe das Licht der Welt. **1871** gründete er als 27jähriger Ingenieur seine erste Firma, eine mechanische Werkstätte mit Sitz in der Zweiflüsse-Stadt Mannheim. Bei seinen ersten Produkten handelte es sich um Baumaschinen, doch das Geschäft florierte nicht. Mit seiner Familie lebte er in bescheidener Einfachheit in zwei an die Werkstatt angrenzenden Wohnräumen. Seine unternehmerischen Aktivitäten und sein unerschöpflicher Ideenreichtum ließen ihn aber immer vorwärts blicken. Schon bald stellte er Überlegungen an, eine billige Antriebsquelle für das Handwerk und Kleingewerbe zu schaffen, denn die damals vorherrschende Dampfkraft war gerade in diesen Kreisen für viele in der Anschaffung zu teuer. Aber es sollte noch fast zehn Jahre dauern, bis er diese Idee verwirklichen konnte.
Viele Mühen waren notwendig, und viele Fehlschläge mußte Benz einstecken, bis er in der Neujahrsnacht **1879/80,** ermutigt von seiner resoluten Frau Berta, seinen Motor erstmals in Betrieb

* Alle in diesem Kapitel enthaltenen Textquellen und Bilder stammen aus dem Archiv der Motoren-Werke Mannheim. Der Autor bedankt sich für die freundliche Unterstützung und zur Verfügungstellung der Unterlagen und der Genehmigung zur Veröffentlichung.

nehmen konnte. Ergriffen lauschten beide in dieser Nacht dem ruhig und gleichmäßig ertönenden Motorengeräusch. Dieser Erfolg öffnete Carl Benz den Weg zu neuen unternehmerischen Aktivitäten und verhalf ihm auch zum nötigen Kapital. **1883** gründete er die Firma „Benz & Cie., Rheinische Gasmotorenfabrik".

Ideenreichtum und ruheloses Schaffen von Carl Benz und seinen nach und nach hinzukommenden Mitarbeitern war die Grundlage für eine rasche Weiterentwicklung und enorme Ausbreitung der Anwendungsgebiete der Benz-Gasmotoren.

Ab **1885** beschäftigte er sich mit dem Bau eines von einem Verbrennungsmotor getriebenen Wagens und erfüllte sich damit einen lange gehegten, persönlichen Wunsch. Bereits im Juli **1886** konnte er dieses dreirädrige Gefährt der Öffentlichkeit vorstellen, der erste Benz-Motorwagen war auf den Straßen Mannheims zu bestaunen.

1887 fanden die Motoren Einzug im Schiffs- und Flugzeugbau. Die Firma, die sich bisher auf den Bau stationärer Verbrennungsmotoren konzentrierte, begann nun einen zweiten Fertigungsbereich aufzubauen, den Automobilbau. Bald wurden die Hallen zu klein, Teile der Fertigung mußten in eine neue Fabrik in die Waldhofstraße verlegt werden.

1895 baut Benz das erste Nutzfahrzeug, eine achtsitzige Motorkutsche, angetrieben von einem fünf PS-starken Benzinmotor, und stellt damit den ersten Omnibus der Welt vor.

Einer der Benz-Gasmotoren.

Steigende Energiepreise sorgten noch vor der Jahrhundertwende für einen spürbaren Rückgang der Gasmotorenproduktion, weshalb Benz als erstes deutsches Unternehmen ab **1900** Gaserzeuger herstellte, um aus Anthrazitkohle billiges Gas herzustellen. Eine PS-Stunde kostete damals mit einer kompletten Benz-Gaserzeuger- und Motorenanlage einen Pfennig, eine Dampfmaschine zum Vergleich vier, ein mit Leuchtgas

Benz-Gaserzeuger mit Gasmotor.

Der erste kompressorlose Dieselmotor.

gespeister Motor sechs, ein Elektromotor sieben und ein Benzinmotor zehn Pfennige.

1899 gründet Carl Benz die „Benz&Cie, Rheinische Gasmotorenfabrik Aktiengesellschaft". Die Firma beschäftigte nunmehr 250 Mitarbeiter, und als Bilanz ließen sich 2000 verkaufte Automobile vorweisen. Doch Automobil- und Motorenbau begannen sich auseinanderzuentwickeln, so daß **1902** eine räumliche Trennung vollzogen wurde. Der Automobilbau zog in die neuen Fabrikhallen in der Waldhofstraße, wogegen sich der Motorenbau in den bisherigen Hallen voll ausdehnen konnte.

1911 stellte der Automobilbau mit einem 220 PS starken Rennmotor mit 228 km/h den Geschwindigkeits-Weltrekord auf, und **1912** konnte der Motorenbau den „Kaiserpreis" für den besten Flugzeugmotor entgegennehmen.

Im Motorenbau begann man inzwischen mit der Entwicklung eines Vorkammer-Verbrennungsverfahrens, doch der Erste Weltkrieg diktierte eine Unterbrechung und ermöglichte die Fertigstellung erst im Jahre **1919**. Auf dem Markt angeboten wurde dieser Motor ab **1920,** die Serienherstellung für stationäre Einsätze und Schiffsantriebe erfolgte ab **1923.** Ein Jahr zuvor schied die Abteilung „Stationärer Motorenbau" aus dem

Das MWM-Motorpferd leistet 18 PS bei 800 U/min.

Dieser Prototyp war mit einem Dreizylinder-Diesel ausgerüstet, der 35 PS bei 1200 U/min leistete.

Unternehmen „Benz & Cie, Rheinische Automobil- und Motorenfabrik" aus. Die neue Firmierung lautete fortan: „Motoren-Werk Mannheim AG, vormals Benz, Abt. stationärer Motorenbau", kurz MWM.
Der große Aufschwung der Fahrzeugindustrie führte auch bei MWM zum Einstieg in den Bau von Straßenzugmaschinen. Vertragliche Verpflichtungen mit dem Automobilwerk Benz & Cie, verpflichteten MWM aber, nur Motoren mit einem Leistungsgewicht von mehr als 25 kg/PS in Fahrzeuge einzubauen, weshalb nur eine für damalige Verhältnisse „schwere Straßenzugmaschine" entstehen konnte. Ein kompressorloser Dieselmotor war zudem eine weitere Voraussetzung für ein solches Fahrzeug. So entstand
1924 das „Motorpferd", eine mit einem 18 PS starken Dieselmotor und Elastikbereifung ausgerüstete Zugmaschine.
1926 änderten sich abermals die Eigentumsverhältnisse. Die Knorr-Bremsen AG erlangte die Aktienmehrheit, womit MWM zu einem Werk der Knorr-Gruppe Berlin-München wurde. Der Verkauf des Motorpferdes war aufgrund des zuverlässigen Dieselmotors zunächst erfolgversprechend. Doch die technische Konzeption wie auch die beginnende Weltwirtschaftskrise zeigten bald ein anderes Bild auf. Trotzdem versuchte man
1931 nochmals, auf dem Schleppermarkt Fuß zu fassen und entwickelte einen Schlepper-Prototyp mit speziell dafür gebautem Dreizylinder-Dieselmotor. Diesmal war es ein 35 PS starker Einspritzer mit einer Drehzahl von 1200 Umdrehungen pro Minute und der Typenbezeichnung DS 16. Doch der viel zu hohe Verkaufspreis von etwa 9000 Reichsmark (ein Lanz-15/30-Ackerbulldog kostete damals 5350.– RM) und die sich immer schwieriger gestaltende wirtschaftliche Lage machte auch diese Pläne zunichte.

1933: MWM-Schlepper- und Einbaumotoren der KD-Reihe werden entwickelt. Hier der „KD 15 Z" mit einer Leistung von 14 PS bei 1100 U/min.

MWM-Großdieselmotor von 1938; Leistung: 500 PS bei 375 U/min.

Die Motoren-Werke Mannheim zogen sich daraufhin aus dem Zugmaschinengeschäft zurück, doch der gute Ruf für zuverlässige Dieselmotoren war dem Werk haften geblieben.
Ab **1933** wurde der Bau von Kleindiesel-Motoren aufgenommen, die erste Typenbezeichnung lautete KD 15. Zum Beginn des Zweiten Weltkrieges im Jahre **1939** konnte das Unternehmen einen Jahresumsatz von 25 Millionen Mark vorweisen, die Belegschaft war auf über 1400 Mitarbeiter angewachsen. Der Krieg allerdings setzte dem Unternehmen schwer zu. Nahezu drei Viertel der Werksanlagen waren **1945** zerstört, Gebäude lagen in Schutt und Asche.
Der Wiederaufbau war nur mit großer Einsatzbereitschaft der Belegschaft zu bewältigen, große Paralellen zu Lanz zeigten sich auf. Dann begann man mit der Produktion der kleineren KD-Motoren, deren Ursprung auf das Jahr 1933 zurückgeht. Hier kam dem Werk der gute Ruf der zuverlässigen Dieselmotoren zugute. Für viele Betriebe führte die Erlangung einer Fertigungserlaubnis bei den Siegermächten zu einer Abwanderung in die Herstellung landwirtschaftlicher Maschinen und Geräte, vor allem landwirtschaftlicher Schlepper. Und da die wenigsten dieser Firmen über eigene Motoren verfügten, lag nichts näher als ein Zukauf bei einem Motorenspezialisten. So besannen sich in den ausgehenden vierziger Jahren nahezu zwanzig Schlepper bauende Firmen auf die zuverlässigen MWM-Dieselmotoren. Nicht nur regional bekannte, auch namhafte Firmen rüsteten ihre Schlepper mit MWM-Motoren aus, um mit einem zuverlässigen Produkt in der beginnenden „Schlepperschwemme" konkurrenzfähig bleiben zu können. Hier fanden sich Namen wie Fendt, Faun, Wahl, Primus, Kelkel, Kögel, Deuliwag und Hela, um nur einige zu nennen.
Der Auslöser heftiger Kontroversen und Debatten noch in den ausgehenden Vierzigern war das Erscheinen des ersten luftgekühlten Schlepper-Dieselmotors, der in dem 16-PS-Eicher zu finden war. Eicher war noch in den letzten Kriegsjahren dazu verurteilt, luftgekühlte Flugzeugmotoren herzustellen und brachte nun diese Erfahrungen in den Schlepperbau ein. Als dann abzusehen war, daß auch diese Bauart mit der wassergekühlten konkurrieren konnte und sich weitere Motorenhersteller dieser neuen Bauart annahmen, verfolgte auch MWM die Luftkühlung und führte diese ab **1953** serienmäßig für Klein-Die-

MWM Fahrzeug-Dieselmotoren der sechziger Jahre mit Wasser- und Luftkühlung, im Baukastensystem gefertigt. Beide Motoren leisten 48 PS bei 2000 U/min.

MWM-Qualität: Made in Germany. Bearbeitung eines 12-Zylinder-V-Motorblockes.

Alldog A 1806 mit MWM-Motor und neuer Motorhaube . . .

. . . und mit aufgelegter Rollpritsche

selmotoren ein. Fortan fährt MWM zweigleisig: Die bewährten wassergekühlten Dieselmotoren der Baureihe KD 12 werden wie bisher weitergebaut und die einfacheren und billigeren, neu hinzugekommenen luftgekühlten Dieselmotoren werden als Baureihe AKD 12/112 zusätzlich angeboten. Um trotzdem eine wirtschaftliche Großserienfertigung zu gewährleisten, werden alle nicht betroffenen Bauteile beider Kühlsysteme gleich gehalten. Doch das Verbrennungsverfahren wird unterschiedlich. Während für die luftgekühlten Motoren ein neues, thermisch unempfindlicheres Direkteinspritzverfahren entwickelt wird, bleibt den wassergekühlten Motoren das Wirbelkammerverfahren erhalten.
Dieses erfolgreiche Konzept ermöglichte eine rasche Zunahme der unterschiedlichen Kunden verschiedenster Gewerbe und Einsatzgebiete bis hin zu Großkundenlieferanten im In- und Ausland. Bis **1976** konnte so nahezu eine Dreiviertelmillion Kleindieselmotoren gefertigt werden. Bleibt noch zu erwähnen, daß MWM auch Großdiesel fertigt. Der größte im genannten Jahr war ein 16-Zylinder-V-Motor mit einer Leistung von 8000 PS.
Eine erneute Veränderung der Eigentumsverhältnisse erfolgte **1985**, als die MWM-Werke als Unternehmensteil in den KHD-Konzern eingegliedert wurden, deren Gesamtheit aus den Gruppen „Klöckner-Humboldt-Deutz AG", „Motoren-Werke Mannheim AG" und „MWM Diesel- und Gastechnik GmbH" bestehen.

Bewährter Motor für den Alldog: Der A 1806 entsteht

Ein beliebtes Motorenprogramm nicht nur bei landwirtschaftlichen Schleppern und Raupen, auch bei Baggern, Straßenwalzen, Klein-Diesel-loks, Transportfahrzeugen, Bordaggregaten, Antriebseinheiten, Gabelstaplern, Baukompressoren und leichten Wasserfahrzeugen waren die seit 1952 angebotenen Diesel-Motoren der KD 12-Reihe. Es waren nach dem Baukastenprinzip gefertigte, stehende Reihen-Motoren mit Wasserkühlung von ein bis vier Zylindern und Leistungen von 12 bis 48 PS bei 2000 Umdrehungen pro Minute. Eine in mehrjähriger Entwicklungsarbeit und sorgfältiger Erprobung entstandene Motorenreihe mit allen wesentlichen Vorzügen der damals neuzeitlichen Dieselmotoren, aber auf das 1939 entwickelte Grundkonzept zurückgehend. Sie zeichneten sich aus durch einen kraftvollen und doch elastischen Lauf bei sparsamem Kraftstoffverbrauch und niedrigen Betriebskosten. Dazu verfügten sie über eine robuste Bauform, die alle Anforderungen an Zuverlässigkeit im Dauer- und Wechselbetrieb erfüllte und nur einen Minimalaufwand an Wartung und Pflege erforderte.
Ähnlich dieser Motorenreihe, aber mit anderen Bohrungs- und Hubdaten versehen und doch mit den gleichen Merkmalen und Eigenschaften ausgerüstet, war auch der Zweizylinder-Dieselmotor vom Typ KD 211 Z (Z steht für Zweizylinder) ein Produkt aus derselben Motorenschmiede, der ebenfalls seit 1952 angeboten wurde. Ein Motor, dem hier die ganze Aufmerk-

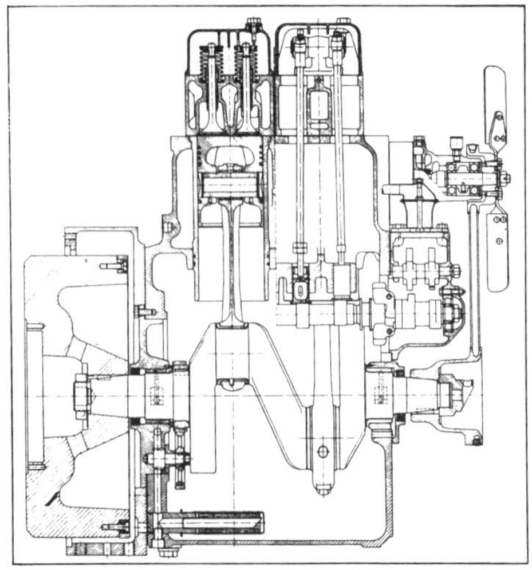

Der MWM-Motor "KD 211 Z" mit Blick auf die Luftfilterseite und im Schnitt.

samkeit gelten soll, denn er war es, der ab 1956 im Alldog zum Einbau kam! Bevor es aber zu dieser Entscheidung gekommen war, hatten sich schon andere Schlepperfirmen den KD 211 Z im eigenen Schlepperprodukt zunutze gemacht und wie sich zeigt, mit unterschiedlichen Leistungen. Da gab es beispielsweise im Jahr 1954 den Kramer K 15 mit 15 PS, den Hela D 16 mit 16 PS, den Primus PD 17 mit 17 PS und den Röhr 17 R, ebenfalls mit 17 PS. Die typengleichen Wahl W 17 und Wesseler W 17 hatten 16 und 17 PS. Mit nur 14 PS Leistung fand der Motor im Bautz AS 120 Verwendung. Bei Lanz hatte man in diesem Jahr den Bulldog D 1666 mit 16 PS auf dem Reißbrett, der dann 1955 von April bis Dezember zu haben war. Welche Gründe schließlich zur Fertigungseinstellung des D 1666 nach so kurzer Zeit führten, ist uns heute nicht mehr bekannt, doch muß die Zuverlässigkeit des Motors mit zum Bau des Alldog A 1806 geführt haben. Wichtig zu erwähnen scheint auch, daß man sich noch zu Lanz-Zeiten für einen zuverlässigen Dieselmotor für den Alldog entscheiden konnte, denn der Alldog mit MWM-Motor war ab Sommer 1956 fertig konstruiert und gebaut und bereits ab Juli erstmals zu haben, wogegen John Deere erst am 1. Oktober desselben Jahres die Firma offiziell übernahm.

Der Dieselmotor KD 211 Z war ein wassergekühlter Zweizylinder Viertakt-Dieselmotor stehender Bauart, mit einer Bohrung von 85 mm, einem Hub von 110 mm und einem Volumen von 1,25 Litern. Das Kurbelgehäuse war als ein Teil aus Gußeisen hergestellt. Große Öffnungen sorgten für einen leichten Zugang zum Triebwerk. Die Kurbelwelle war ein aus hochwertigem Stahl hergestelltes Gesenkschmiedestück mit angeschraubten Gegengewichten und gehärteten Kurbel- und Wellenzapfen, die in ungeteilten Stahl-Bleibronzelagern lagerten. Die Zylinderbuchsen waren auswechselbare, sogenannte nasse Buchsen; aus bestem, feinem Schleuderguß hergestellt und mit hartverchromter Lauffläche versehen. Auch der Zylinderkopf war aus hochwertigem Spezialgußeisen mit eingegossenen Wirbelkammern hergestellt. Die Kolben waren aus Leichtmetall und mit je drei Kolbenringen und zwei Ölabstreifringen versehen. Auch die Pleuelstange war als Gesenkschmiedestück hergestellt und mit schräg geteilter, verzahnter Trennfläche versehen. Die Kurbelzapfenlager sind geteilte Dreistofflager, bestehend aus einer Stahlschale mit eingelegter Bleibronze. Dagegen war die Steuerwelle in Wälzlagern gelagert. Sie betätigte über Gleitstößel die Stößelstangen und Kipphebel der Ein- und Auslaßventile. Einspritzpumpe und Drehzahlregler waren bewährte Bosch-Produkte. Der Drehzahlregler war als

Aus Platzgründen wurde der MWM-Motor auf die linke Seite gerückt und der Beifahrersitz schräg nach hinten geschwenkt. Das obere Bild zeigt die Maschinenteile eines Blau-rot lackierten, das untere Bild die Maschinenteile eines grün-gelb lackierten Alldogs.

Fliehkraftregler ausgebildet und saß auf der Steuerwelle zur Verstellung der Regelstange an der Bosch-Einspritzpumpe entsprechend der jeweiligen Belastung. Die Schmierung der Kurbelwellen- und Pleuellager und der Kipphebel erfolgte durch Umlaufdruckschmierung über eine Zahnradölpumpe mit Siebfilter in der Saugleitung und Spaltfilter in der Druckleitung. Die übrigen Teile wurden dagegen durch Spritzöl geschmiert. Gestartet wurde der Motor mittels eines elektrischen Anlassers, wobei dieser Vorgang wahlweise durch elektrisches Vorglühen oder mit Hilfe

Ein Blick auf den Elektrokasten, der seinen Platz wiederum unter dem Tank fand.

Glühanlaßschalter

Schaltkasten mit Lichtschalter

Glühüberwacher

Steckdose für Handlampe

von Zündpapier unterstützt werden konnte. Zur Kühlung des Motors waren ein Ventilator und eine Kühlwasserumlaufpumpe eingebaut. Der Filterung der Ansaugluft wurde dadurch Rechnung getragen, daß der Motor mit einem Hochleistungs-Ölbadluftfilter ausgerüstet war. Der Kraftstoffverbrauch des KD 211 Z wird bei Vollast mit 195 gPSh, der Schmierölverbrauch mit 2 g/PSh angegeben. In dieser Ausstattung brachte der Motor etwa 215 kg auf die Waage.

Hier ein Blick auf die Schaltwege und den mehrfach gebogenen Schalthebel, sowie die Fußpedale, die hier vor der Vorderachse nach unten geführt werden.

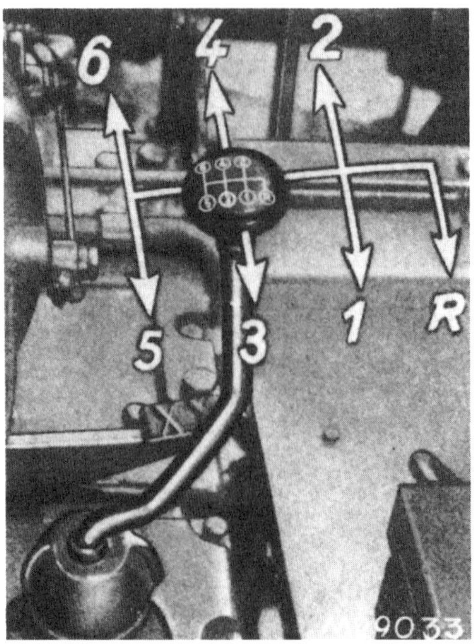

Nun war dieser Motor in seinen Baumaßen natürlich größer, vergleicht man ihn mit dem TWN-Dieselmotor, und dies erforderte von den Konstrukteuren ein Umdenken beim Einbau in den Alldog. Der Motor wurde deshalb – in Fahrtrichtung gesehen – auf die linke Seite gerückt, wo er nahezu den kompletten Raum zwischen Kotflügel und Lenkrad ausfüllte und auch den Fußraum des Beifahrers belegte. Da aber in Deutschland ein zweiter Sitz für einen Beifahrer vorgeschrieben ist, drehte man diesen kurzerhand schräg nach hinten und baute unterhalb eine Konsole zur Fußabstützung an. Eine wirklich elegante Lösung war der Aufbau der für die Volldieselreihe neu entwickelten Motorhaube, deren Abschluß nach hinten ein ebenfalls neu entwickelter, formschöner Tank bildete und auf dessen Unterseite die komplette Elektrik ihren Platz fand. Mit diesem neuen Aussehen paßte der MWM-Alldog, der mit der Typenbezeichung A 1806 (A für Alldog, 18 für die Leistung und 06 für das Sechsganggetriebe) formschön in das neue Volldiesel-Schlepperprogramm. Gestartet wurde der Motor mittels eines Anlassers in Verbindung mit einer elektrischen Glühvorrichtung.

Nun erfordert eine stärkere Antriebsquelle erfahrungsgemäß auch stärkere Abtriebe, will man diese vermehrten Kräfte ohne Schaden auf die Hinterräder übertragen, was in diesem Fall zum Einbau einer anderen Kupplung und eines neukonstruierten Antriebs zum Getriebegehäuse erforderte. Hier war auch die Hydrauliksteuerung und Betätigung enthalten. Das Getriebe verfügt

Werbung 1956. Hier der Alldog A 1315.

nun serienmäßig über eine Differentialsperre und, der neuen Bulldogreihe angepaßt, Steckwellen mit Flanschen für Sechslochfelgen, hatte man doch bei der kleinen Halbdiesel-Bulldogreihe und den bisher gebauten Alldogs Fünflochfelgen verwendet. Die Anordnung der Schaltung war beibehalten worden, nur erforderte die mittig liegende Schaltung einen mehrfach gebogenen Schalthebel, um die Schaltwege trotz des darüberliegenden Gehäuses ungehindert ausführen zu können.
Geändert wurde auch das Lenkgehäuse mit einer steiler nach oben führenden Lenksäule als Folge eines nach vorne gerückten Sitzplatzes für den Fahrer, da man die hier größere Batterie quer hinter der Sitzhalterung plaziert hatte. Die Pedale der Kupplung und Fußbremse führten deshalb vor dem Achstrichter nach unten auf die Querwelle und damit zum Getriebe und zur Bremstrommel. Kotflügel und Bereifung entsprachen der des Alldog A 1315.
Wie eingangs erwähnt, war der Alldog A 1806 ab Juli 1956 erhältlich, zunächst in blauer Bulldogfarbe mit roter Beschriftung und roten Felgen. Ab dem ersten September 1958 erfolgte eine Farbumstellung auf grün mit gelber Beschriftung und gelben Felgen, aber unter Beibehaltung der Lanz-Beschriftung. Diese änderte man mit Beginn des Jahres 1960 im Zuge der Namensänderung in John Deere-Lanz, wobei Typschild und Motorhaube ebenfalls mit dem neuen Namenszug versehen waren. Auf der Ladebrücke war aber weiterhin Lanz-Alldog zu lesen. Wann genau die Auslieferung des letzten Alldog erfolgte, ist uns heute nicht mehr überliefert, aber auf jeden Fall erfolgte dies im Laufe des Jahres 1960.

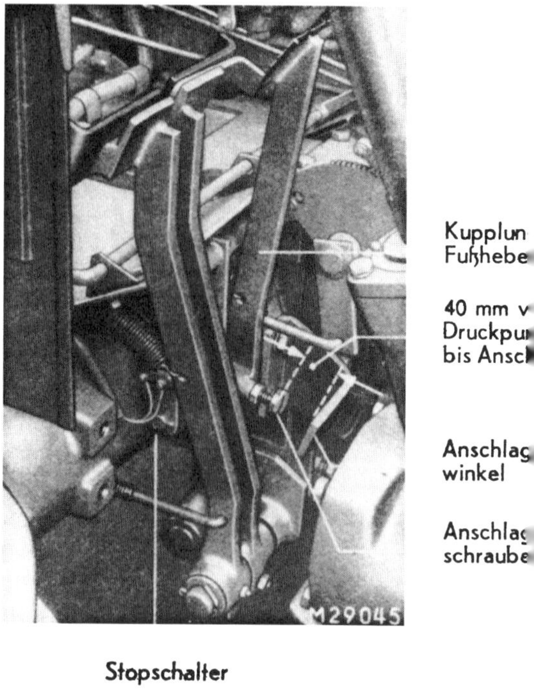

Die Kupplung konnte auf einfache Weise schnell nachgestellt werden.

An dieser Stelle sei Herrn Martin Sander für die freundliche Unterstützung gedankt, die er der Zusammenstellung dieses Kapitels zuteil werden ließ.

Der Alleskönner oder: Vielseitigkeit ist Trumpf

Der Lanz-Motor-Geräteträger ist ein Mittel zur Leistungssteigerung und Kostensenkung im landwirtschaftlichen Betrieb. Er ermöglicht eine wirtschaftliche Vollmotorisierung. Es gibt keine Bestellungs-, Pflege-, Ernte-, Antriebs-, und Transportarbeiten im Ablauf des bäuerlichen Betriebsjahres, die der Alldog mit seinen Geräten nicht leisten könnte. Er arbeitet mit angesteckten Maschinen und Geräten als selbstfahrende Arbeitsmaschine und mit aufgestecktem Riemenantrieb als Antriebsmaschine. Darüber hinaus ist der Alldog mit Pritsche und angehängtem Ackerwagen ein vollwertiges Transportmittel.

Mit diesen wenigen Sätzen hatte man damals die Vielseitigkeit des Alldog in einer Betriebsanleitung treffend beschrieben. Und doch ist uns diese Beschreibung zu oberflächlich, zu pauschal und zu wenig umfassend. Deshalb soll hier der Versuch gemacht werden, anhand von Aufzählungen diese Vielseitigkeit etwas tiefgründiger zu beleuchten. Doch wie gesagt, es wird ein Versuch bleiben, denn alle Einsatzmöglichkeiten heute noch zu beschreiben, dürfte nicht mehr möglich sein. Schon damals war dies aufgrund der sich ständig ändernden und erweiternden Angebote mit großen Schwierigkeiten verbunden, wie etwa aus einem Text von 1954 unschwer zu entnehmen ist. Man hatte einen Film über den Geräteträger und die vielen Einsatzmöglichkeiten in der Praxis gedreht, nach dessen Fertigstellung sich einer der Autoren so äußerte: *Es war keine leichte Arbeit, und besonders viel Schweiß und Kopfzerbrechen kostete im wahrsten Sinn des Wortes die „Vielseitigkeit" des Alldog. Glaubten wir schon alle Anwendungsmöglichkeiten des*

Der Alldog in seinen Maßen und mit den Anbaumöglichkeiten vorne, mitten und hinten.

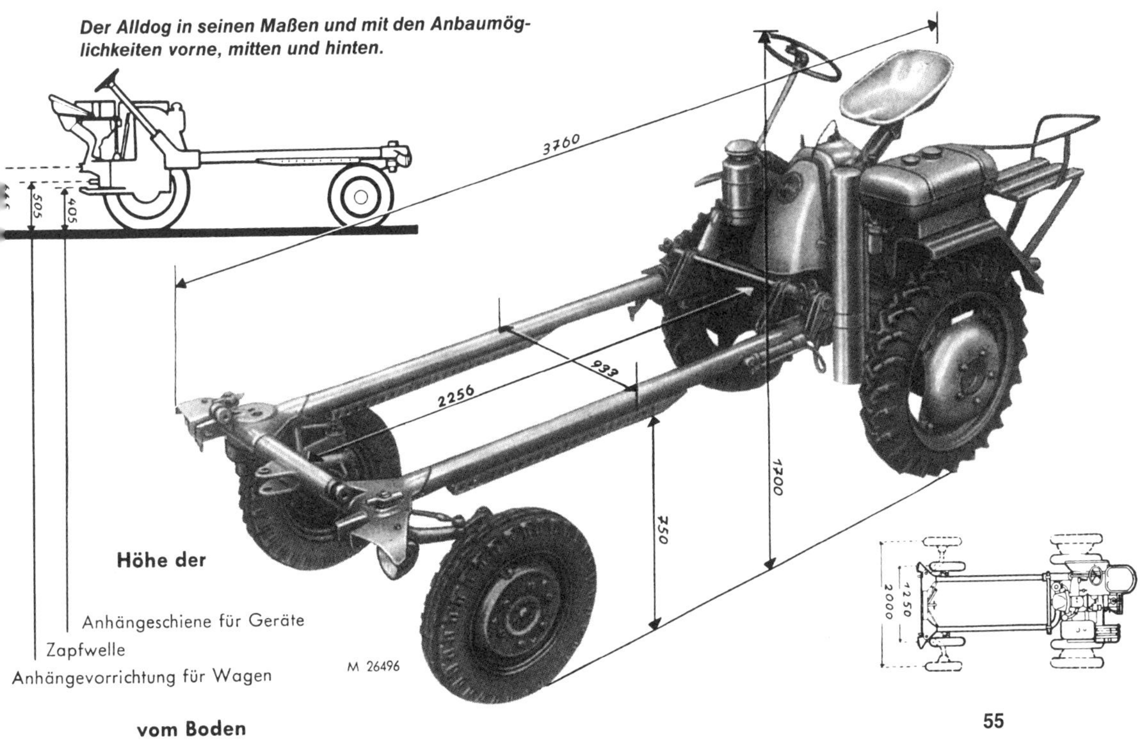

Motorzapfwelle hinten

Motorzapfwelle vorne

Geräteträgers nach unserem Manuskript mit der Kamera festgehalten zu haben, dann kam bestimmt wieder etwas Neues hinzu, weil die Gerätereihe des Alldog laufend erweitert wurde; sei es eine Pumpe zum Beregnen und Bewässern, sei es der Binger-Seilzug für die Arbeiten in steilen Weinberganlagen, oder sei es gar eine Bandsäge zum Alldog.

Das Lanz-System, wie man es mit dem Bau des Alldog-Geräteträgers verkörpert hatte, brachte eine neuartige Anwendungsform der Geräte für die Feld- und Hofwirtschaft mit Blick auf die Einmannbedienung. Dabei ermöglichte diese Konstruktion den gleichzeitigen Anbau mehrerer Geräte, womit sich eine Zusammenlegung und Kombination verschiedener Arbeitsgänge ergab. Die Arbeitsgeräte wurden beim Einsatz nicht nur geschoben, gezogen oder getragen, auch für den Antrieb und ihre Betätigung nutzte man die motorische Kraft des Alldog. Hierzu standen mehrere Möglichkeiten zur Verfügung, wie etwa **die Motorzapfwelle nach hinten**. Mit der hinteren Zapfwelle konnten alle vom Schlepper her gewohnten und vorhandenen Anhänger, Gerätschaften und Maschinen wie beispielsweise ein Kombi- oder Schlepper-Binder, ein Wender, Kartoffel-, Vorrats- oder Rübenroder und auch Triebachs- oder Kippanhänger angetrieben werden. Und es gab als spezielle Zapfwellengeräte einen Brennholzspalter, eine Kreissäge, Melkanlage, Anbaupumpe und einen Zapfwellen-Kompressor.

Auch für die vorne auf- oder angebauten Gerät-

Unten die hintere, rechts die vordere Wegzapfwelle.

schaften stand eine Motorzapfwelle als Antriebsquelle zur Verfügung,

die Motorzapfwelle nach vorne. Sie diente zum Antrieb der Seilwinden für Forst und Weinanbau, für Spritz- und Regenanlagen, für Hackfrüchte-Vorratsroder und nicht zuletzt als Antrieb für das Mähwerk.

Mußte jedoch die Fahrgeschwindigkeit mit der Antriebsgeschwindigkeit eines Geräts übereinstimmen, so stand hierfür

die hintere und die vordere Wegzapfwelle mit einer fahrgeschwindigkeitsabhängigen Drehzahl zur Verfügung. Ihr Antrieb erfolgte über das rechte Hinter- oder Vorderrad. Diese Antriebsart war notwendig beim Einsatz von Düngestreuer, Drillmaschinen und bei Hackfrucht-Lege- und Erntemaschinen.

Vielerorts notwendig war Anfang der fünfziger Jahre auch noch der Antrieb ortsfester Geräte, Pumpen und Maschinen wie Dreschmaschinen, Futterschneidmaschinen, Holzsägen oder ganzer Transmissionsanlagen. Dazu lieferte die Firma einen Riemenantrieb.

Der Riemenantrieb bestand aus einer Riemenscheibe und einem Winkelgetriebe, in einem Gehäuse vereint. Es wurde auf die hintere Zapfwelle gesteckt und mit vier Schrauben am Getriebegehäuse festgeschraubt. Der weitere Antrieb erfolgte nun über einen Flachriemen.

Die Bedienung der Anbaugeräte. Um die montierten Gerätschaften mühelos betätigen, bedienen oder ausheben zu können, standen verschiedene hydraulische Kraftheber zur Auswahl. Für die vorne aufgebauten Geräte war der Kraftheber auf der dem Fahrer zugewandten Seite des Anbaurahmens montiert, jeweils ein Hebelarm rechts und links am Rohr. Ihre Verbindung wurde von einer stabilen Welle übernommen. Für die Bedienung der hinter dem Alldog montierten

Hydraulischer Kraftheber vorne

Riemenscheibe

oder angehängten Geräte war der Kraftheber mit zwei Hebelarmen über der Ackerschiene montiert. Wollte man aber den Alldog auf die Stufe eines modernen Schleppers stellen, so ließ er sich auf Wunsch auch mit einer hydraulisch betätigten Dreipunkt-Aufhängung und Ackerschiene

Hydraulischer Kraftheber hinten

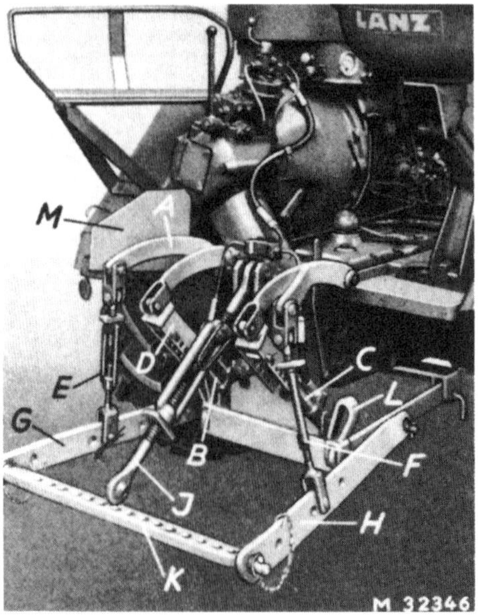

Hydraulischer Kraftheber mit Dreipunktaufhängung
A Hebewelle; B Druckzylinder links; C Druckzylinder rechts; D Feststellhülse zur Transportsicherung; E Hubstange links; F Hubstange rechts; G unterer Lenker links; H unterer Lenker rechts; J oberer Lenker; K Lochschiene; L Begrenzungslaschen; M Schutzblech.

Tiefen-Feineinstellung

ausrüsten. Um nun die Verbindung zwischen den Geräten und den Hebelarmen herzustellen, standen wiederum verschiedene Rollböcke mit Rollen, Ketten und Einklinkvorrichtungen zur Verfügung. Und sollte einmal die hydraulische Tiefeneinstellung nicht ausreichend sein, wie es bei Hack- und Rodearbeiten vorkommen konnte, so stand dafür zusätzlich eine Tiefen-Feineinstellung zur Verfügung. Diese ließ sich leicht und schnell an der Lenksäule montieren und über eine Kurbel bequem bedienen.

Arbeiten mit dem Alldog: Der Getreideanbau

Begann im Frühjahr die Feldarbeit, so waren als erstes die über den Winter aufgefrorenen Äcker zu düngen und zu eggen, bevor die Saat ausgebracht werden konnte und die Äcker wieder eingeeggt und bei Bedarf gewalzt wurden. Oder das Walzen der mit Winterfrucht belegten Äcker. Alles Arbeiten, die sich hervorragend mit dem Alldog bewältigen ließen, denn er konnte mit einem Düngestreuer, mit Scheibeneggen, Saat- und Krümeleggen, ja sogar mit ganzen Eggenfeldern ausgerüstet werden, die einfach im Zwischenachsbereich in den Rahmen eingehängt wurden. Ebenso die Walze. Auch sie war zwischen den Achsen einzuhängen und konnte über den hydraulischen Kraftheber ausgehoben werden. Nur der Kasten-Düngestreuer wurde vor dem Alldog angebracht und am vorderen Anhängemaul eingehängt und gab damit den Anbaurahmen für andere Geräte frei. Den Antrieb erhielt er von der vorderen Wegzapfwelle. Die Drill- oder Sämaschine mit zwei Meter Arbeitsbreite war zwischen Ober- und Unterteil für eine leichte und schnelle Montage am Alldog zu trennen. Sie wurde lediglich auf den Rohrrahmen aufgesetzt und eingehängt. Es lag immer im Ermessen des Bauern und natürlich an der Anzahl der zur Verfügung stehenden Maschinen, ob er jeden Arbeitsgang einzeln ausführen oder für ein wirtschaftliches Arbeiten mehrere Arbeitsgänge zusammenlegen wollte. Waren dann wenige Wochen vergangen und hatte der Austrieb des vierten Halms an der aufgehenden Saat begonnen, wurde eine erste Unkrautbekämpfung notwendig, die flüssig oder in Pulverform ausgebracht werden konnte. Der Alldog ermöglichte beide Arten, denn es standen ein Kalkstreuer mit trichterförmigem Behälter und Antrieb der Rührwelle über die hintere Wegzapfwelle zur Verfügung. Und es gab eine Anbau-

Der Alldog mit Düngestreuer, Grubber und Gitterrädern, ...

... mit Egge und Moorrädern, ...

... mit Cambridge-Walze.

Spritzanlage mit Rührwerk, 600-Liter-Tank und einem zehn Meter breit arbeitenden Flächenspritzgestänge.
Im August war die Zeit der Ernte gekommen, das Korn war reif und konnte geschnitten werden. Nun war der Alldog als Schlepper gefragt. Er wurde vor den Mähbinder gespannt und zog diesen durch das Kornfeld, wo das Korn geschnitten, zu Garben gebunden und abgelegt wurde. Dabei spielte es keine Rolle, ob der Mähbinder seinen Antrieb über die Zapfwelle oder das Bodenrad erhielt. Auch beim Einsammeln der Garben und dem anschließenden Transport zur Scheune war der Alldog zum unverzichtbaren Helfer geworden.
Nun war der Acker zu pflügen, die Getreidestop-

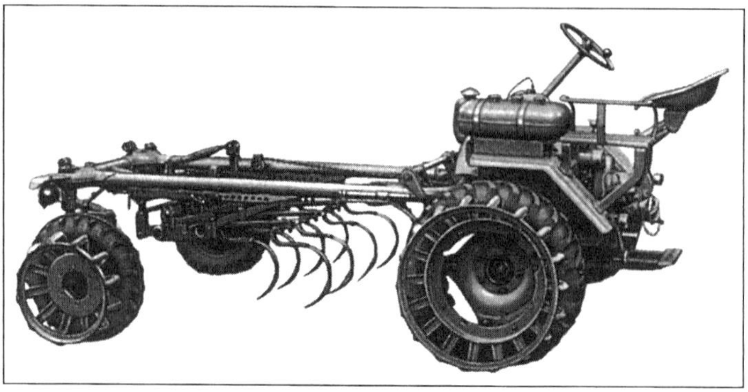

Der Alldog mit Grubber und Gitterrädern vorne und hinten, ...

... mit Zweischar-Schälpflug, ...

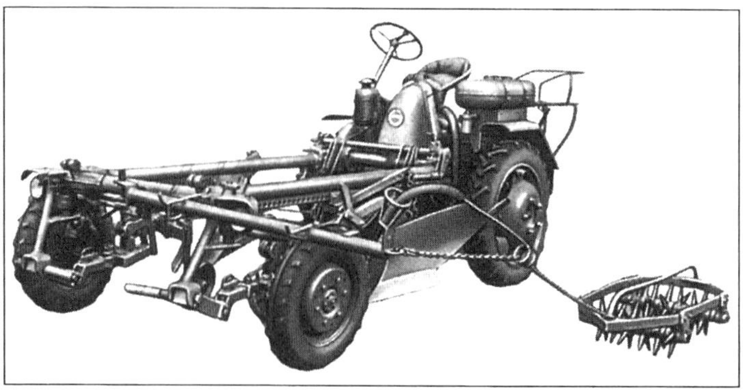

... mit Einschar-Wechselpflug und Walzenkrümelegge, ...

peln mußten umgeschält werden. Kein Problem für den Alldog, denn es standen die unterschiedlichsten Wechselpflüge der bekanntesten deutschen Pflughersteller zur Verfügung. Die Schälpflüge waren meist zweischarig, ihr Anbau erfolgte im Zwischenachsbereich und die Aushebung hydraulisch. Erst im Herbst, wenn es an das Tiefpflügen ging, wurde einscharig gearbeitet. Dabei erwies sich der Alldog trotz seines geringen Gewichts als absolut hangfest, denn das Vorderrad lief in der vorherigen und das Hinterrad in der neuen Furche. Mit gegeneinander ausgetauschten Pflugkörpern konnte auch bis zur letzten Furche an der Feldgrenze gepflügt werden. Wurde dabei noch eine Walzenkrümelegge mitgezogen, so war der Acker in einem Arbeits-

... mit Drillmaschine, Spurreißer und Egge, ...

... und mit Scheibenegge. Hier eine Gespann-Egge, umgebaut für den Alldog.

gang saatfertig. Mit der Befestigung allerdings machte die Walzenkrümelegge gegenüber den bisherigen Gerätschaften eine Ausnahme. Sie wurde nicht am Rahmen festgeschraubt oder eingehängt, sondern nur an einer Kette seitlich am Alldog auf der gegenüberliegenden Seite des im Einsatz befindlichen Pfluges mitgezogen und schaffte damit einen gewissen Zugausgleich. Doch wer nun glaubt, daß damit am Furchenende ein umständliches Umspannen folgen müßte, der irrt. Mit einem genauso einfachen wie raffinierten Schwenkbaum und dem richtigen Überwechseln zur nächsten Furche ging alles wie von selbst. Der Schwenkbaum war dabei noch mit einer Transportvorrichtung versehen, mit der die Walzenkrümelegge mühelos vor den Alldog eingehängt und transportiert werden konnte.

Nach dem Tiefpflügen war es wieder die Aufgabe des Alldog, einen Teil der Äcker für die Winterfrucht vorzubereiten. Ausgerüstet mit Düngestreuer und Egge oder Grubber war der Ackerboden saatfertig zu machen und in einem zweiten Arbeitsgang zu säen und einzueggen. Bei diesen Arbeiten war es vorteilhaft, den Alldog mit den Gitterrädern auszurüsten, die an den Felgen der Räder, je nach Bedarf hinten und vorne oder nur hinten angeschraubt wurden. Damit wurde der Bodendruck stark verringert und die Bodenkultur blieb erhalten. War der Boden sehr weich und wenig tragfähig, so standen darüber hinaus noch die Moorräder zur Verfügung, die ebenfalls an den Felgen der Hinterräder montiert wurden. Es gab außerdem die Möglichkeit, einen Teil der Luft aus den Rädern zu lassen, meist um die Zugkraft zu erhöhen, die dann aber vor der nächsten Straßenfahrt unbedingt korrigiert werden mußte. Hierzu stand die Reifen-Füllanlage zur Verfügung, ein Handkompressor, der dann einfach auf die hintere Zapfwelle gesteckt wurde.

Der Hackfruchtanbau, Gemüse und Baumwolle

Nicht nur der Getreideanbau war durch die Vielseitigkeit des Alldog-Geräteträgers zur leichten Einmann-Arbeit geworden, genauso der Hackfruchtanbau. Waren hier die Vorbereitung zur Herstellung eines saatfähigen Bodens noch mit der des Getreideanbaus gleich, so verlangten Saat und Ernte völlig andere Maschinen. Beim

Der Alldog mit dem Kartoffel-Pflanzgerät, ...

... mit dem Kartoffel-Legegerät, ...

... und mit der vollautomatischen Kartoffel-Legemaschine.

Der Alldog mit Häufelscharen.

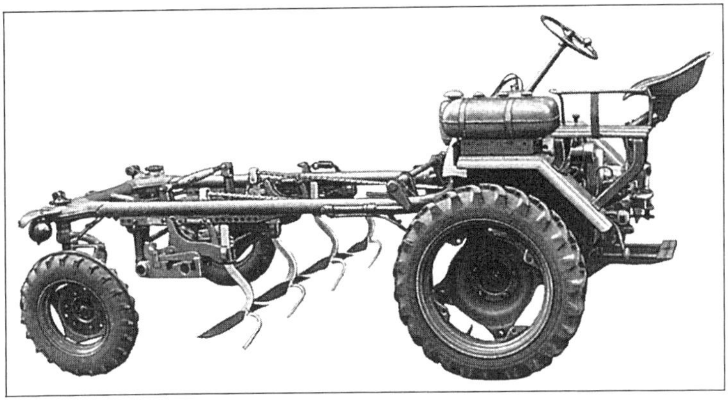

Kartoffelanbau etwa mußten die Saatkartoffeln einzeln gesteckt werden, das heißt ein Loch herstellen oder Furche ziehen, Kartoffel einlegen, Loch oder Furche wieder verschließen und die Reihe anhäufeln. Bei dieser Arbeit war es wichtig, daß der Abstand der einzelnen Kartoffeln zueinander wie auch der Abstand von Reihe zu Reihe immer gleich war. Doch mit dem Alldog waren diese Arbeiten kein Thema mehr, denn es standen gleich mehrere Kartoffel-Legemaschinen namhafter Firmen zur Auswahl. Die Palette reichte von der vollautomatischen Maschine, die nur noch ein Befüllen der Behälter verlangte, bis hin zur Halbautomatik, bei der noch ein Einlegen der einzelnen Saatfrüchte notwendig war. Gesteckt wurden immer drei Reihen gleichzeitig, das heißt, es durften bei der halbautomatischen Maschine drei ArbeiterInnen hinter den Behältnissen auf Sitzen Platz nehmen und die einzelnen Kartoffeln in die Legevorrichtung einlegen, wogegen diese Arbeiten bei der vollautomatischen Maschine von einer ausgeklügelten Mechanik mit Becherförderer und Drehteller übernommen wurden. Der Antrieb erfolgte je nach Fabrikat unterschiedlich, jedoch immer über einen Bodenradantrieb. Beim Fahren markierte ein Spuraufreißer gleichzeitig die Spur der neuen Reihe. Anstelle der Kartoffelpflanzvorrichtung konnten bei den halbautomatischen Maschinen auch Pflanzensetzscheiben angebaut werden, die entsprechend der Furchenbreite drei- oder vierreihig arbeiteten. Je nach den einzelnen Verwendungsmöglichkeiten wurden dem Kunden Einzelapparate zum Kartoffellegen, Pflanzensetzen oder Stecklingspflanzensetzen angeboten. Die Stecklingspflanzen waren dabei von Hand einzulegen oder aufzustecken, der Pflanzabstand wurde durch ein akustisches Signal gegeben. Genauso waren die Stecklings-Pflanzapparate auch für den Gemüseanbau geeignet.

Zur Ausbringung des Rübensamens wurde die Gleichstands-Drillmaschine von der Saat- und Erntetechnik GmbH in Eschwege angeboten, der von Prof. Knolle nach dem Krieg gegründeten Firma. Die vierreihig arbeitende Gleichstandsrille war für den Monogermsamen, den einkeimigen Rübensamen, konzipiert und ermöglichte die sparsame Einzelsaat, die dem Bauern beachtliche Saatgut- und Bearbeitungskosten ersparte.

Bei all diesen Problemlösungen hatte man auch die Transporte der Geräte nicht vergessen, die vor und nach den Feldarbeiten zu bewältigen waren. Am einfachsten war es dabei, den Alldog schon auf dem Hof mit den notwendigen Arbeitsgeräten zu versehen und dann mit ihm als selbstfahrende Arbeitsmaschine auf das Feld zu fahren. Doch ließ sich dies nicht immer einrichten, etwa wenn der Weg weit war und gleich mehrere Geräte mitgenommen werden mußten, oder wenn mit überbreiten Geräten gearbeitet wurde, die in montiertem Zustand nicht auf öffentlichen Straßen transportiert werden durften. Hier eignete sich besonders die aufgelegte Ladepritsche, die mit wenigen Handgriffen auf- und abgebaut war. Schwierig konnte es werden, waren bei Pflanzarbeiten zu den Maschinen noch Mitarbeiter mit auf den Acker zu nehmen. Autos standen Anfang der fünfziger Jahre bei weitem nicht in dem Ausmaß zur Verfügung wie heute, und das Fahrrad war nicht immer das geeignete Mittel. Doch für den Alldog war auch dieser Transport kein Problem: Die Gerätschaften wurden auf

Der Alldog mit Kartoffel-Vorratsroder, ...

... mit Kalkstreuer, ...

... mit Pflanzlochsternen, ...

... und mit Gleichstands-Drillmaschine.

... mit Akkord-Pflanzgerät für Rüben und Gemüse, ...

einen hinter dem Alldog mitgeführten Anhänger verladen und auf den Rohrrahmen wurde eine Sitzpritsche aufgelegt, auf der bis vier Personen Platz nehmen konnten.

War die Hackfruchtaussaat ausgebracht, ging es mit den Pflege- und Düngearbeiten weiter. Auch hierfür standen mehrere Geräte wie etwa das dreireihige Kartoffelkulturgerät mit federnd gelagerten und auswechselbaren Werkzeugen zur Verfügung. Acht Tage nach dem Kartoffellegen mußten die Dämme angehäufelt werden. Hier wurde wiederum wie beim Legen dreireihig gearbeitet. Das dazu notwendige Häufelgerät hatte die Firma Braun in Münster geliefert. Es wurde im Alldograhmen festgemacht, doch konnten die Häufelkörper auch gegen Hackkörper für die Unkrautbekämpfung und Bodenlockerung ausgetauscht werden. Auch das Striegeln mit der Netzegge übernahm der Alldog. Die Vielfalt reichte von Vorscharen, Zudeck- und Häufelkörpern bis hin zu Lockererzinken und Hackkörper. Und es wurden spezielle Rüben- und Getreidehackgeräte angeboten, die eine Einsparung an Leuten und Zeit mit sich brachten. So etwa stand das Reining-Wespe-Hackgerät mit ebenfalls auswechselbaren und unterschiedlich kombinierbaren Werkzeugen zur Verfügung, dessen Vielseitigkeit noch weit größer war. Doch damit nicht genug. Die Lieferung der Gerätschaften teilten sich noch weitere Firmen, die gebotenen Einsatzmöglichkeiten ließen keine Wünsche mehr offen, und der Phantasie waren keine Grenzen gesetzt. So etwa bot der Landmaschinenbau Willi Schachtler einen Rübenverhackrahmen zum Bi-

... hier mit dem Rüben-Hackgerät

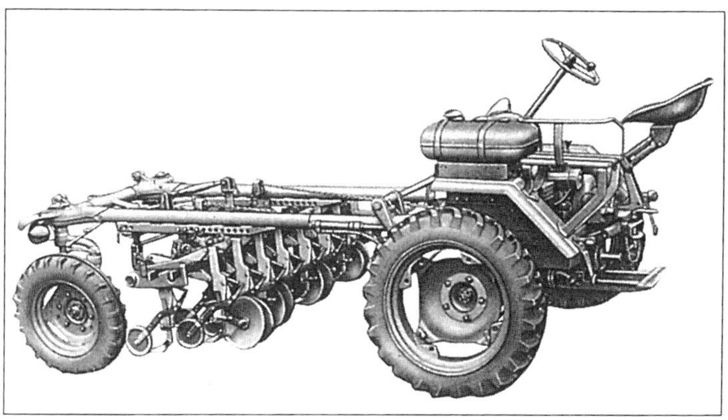

Der Alldog mit Rüben-Verhackrahmen.

gieren und Verhacken der Rübenpflanzen an. Ein Doppelrahmen, aus drei kräftigen Rohren bestehend, und durch Querstreben verbunden, auf denen in zwei Reihen und seitlich versetzt zehn Sitzschalen aufgeschraubt waren. Montiert wurde der Rahmen ebenfalls im Zwischenachsbereich, jedoch quer zur Fahrtrichtung. Hier konnten nun zehn Personen Platz nehmen und die Rübenpflanzen verhacken, während der Fahrer den Alldog mit Kriechgeschwindigkeit über den Acker lenkte.

Für die Kartoffelernte stand der Vorratsroder AKV zur Verfügung. Ein einreihiges Siebkettengerät, nach dem Vorbild des Lanz-Roders VR 1 entwik-

Hier mit dem Rüben-Vorratsroder.

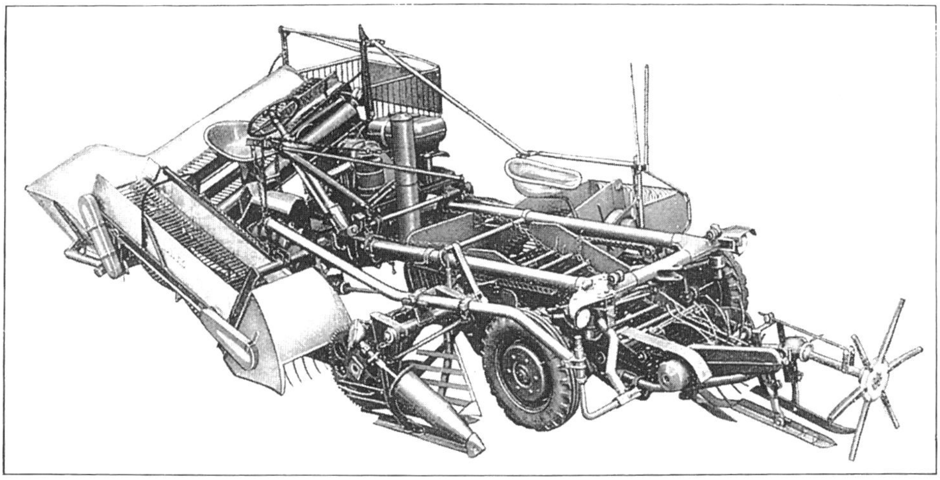

Der Alldog mit Blatt- und Rüben-Vollerntemaschine.

kelt, bei dem über zwei abgestuft laufende Siebketten die Kartoffeln aufgenommen, transportiert, vorgereinigt und seitlich abgelegt wurden. Gebaut wurde der AKV, der Alldog-Kartoffel-Vorratsroder, von Lanz selbst, denn ähnliche, das heißt gezogene Vorratsroder, hatte man schon längere Zeit im Programm und damit genügend Erfahrung gesammelt. Ähnlich aufgebaut war auch der Alldog-Rüben-Vorratsroder ARV, nur war er anstelle der Kartoffel-Rodeschare mit Rüben-Rodezinken, Zinkenwellen und Sammelkorb für Querschwadablage ausgerüstet. Die Längs- und Querförderer erhielten ihren Antrieb über die vordere Wegzapfwelle, die Aushebung erfolgte hydraulisch. Montiert wurden die Rodemaschinen im Zwischenachsbereich, wobei die Aufnahme der Hackfrüchte vor der Vorderachse stattfand.
Für große Rübenanbauflächen ließ sich der Alldog zu einer vollautomatischen Rübenerntemaschine ausbauen. Dazu war der Rübenvollernter ABVR, eine von Lanz selbst entwickelte und speziell für den Alldog gefertigte Erntemaschine

Der Alldog mit Sitzpritsche für den Transport von Arbeitern auf das Feld.

Diese und die folgende Doppelseite zeugt von der Vielseitigkeit des Alldog. Hier beim Pflügen . . .

. . . beim Düngen, Grubbern und Eggen . . .

. . . beim Drillen . . .

. . . beim Häufeln . . .

. . . beim Kartoffellegen . . .

. . . beim Rübenhacken . . .

... beim Kartoffelspritzen ...

... und bei der Rübenvollernte.

auf dem Alldog zu montieren. Doch vor der eigentlichen Rübenbergung erfolgte hier noch die Blatternte. Die Blätter wurden von der Rübe abgetrennt, gelegt und über Kettenförderer rechts am Alldog vorbei nach hinten zu einem Querförderer transportiert, von dem es in einen Sammelbehälter ging, während zur gleichen Zeit in der zweiten Reihe daneben die Rüben gerodet wurden. Insgesamt setzte sich der Vollernter aus den Baugruppen Rüben-Vorratsroder, Blattköpfer, Hintere Wegzapfwelle, Blattaufnehmer, Blattquerförderer, Sammelbehälter und der Blattschleuder zusammen. Mit dieser kompletten Ausrüstung konnte ein einziger Mann einen ganzen Hektar pro Arbeitstag abernten.

Natürlich reichten all diese Maschinen und Gerätschaften auch über den Getreideanbau und den Hackfruchtanbau und deren Pflege hinaus und ließen sich in allen Bereichen der Feldwirtschaft einsetzen. Dies galt für den umfangreichen und arbeitsaufwendigen Gemüseanbau genauso wie für den Baumwollanbau. Forderte der Baumwollanbau für die Saatausbringung auch eine Spezialmaschine, so konnte hier auf das Baumwoll-Sä-Aggregat Typ cockade 1002 von der Firma Mühlhoff in Uedem zurückgegriffen werden.

Die Milchwirtschaft

In der kleineren, meist breitstrukturierten Landwirtschaft der fünfziger Jahre war die Viehhaltung und die damit verbundene Milchwirtschaft meist der wichtigste Bestandteil. Mit dem Milchgeld verdiente sich die Bäuerin das Haushaltsgeld und konnte obendrein den eigenen Milchbedarf decken, und mit den jährlich anfallenden Kälbchen konnte einerseits ein junger Viehbestand erhalten werden und andererseits stellten sie eine wichtige Geldquelle dar. Deshalb war es sehr wichtig, daß der Alldog in diesem Bereich wirtschaftlich eingesetzt werden konnte. Doch war dies gerade hier kein Problem, denn mit dem Anbaumähwerk ersetzte er bei der Grünfutterernte nicht nur den Motormäher, auch der umständliche Transport des Mähers zur Wiese und zurück wurde erspart, und mit der aufgelegten Ladepritsche konnte das geschnittene Gras gleich zum Stall transportiert und an Ort und Stelle mühelos abgekippt werden. Selbst die hinterste Stallecke konnte so in leichter Fahrt erreicht werden, wogegen bei einem Schlepper mit Hänger oft ein mühevolles Rangieren notwendig war oder aber das Grünfutter mußte umgeladen und mit dem Schubkarren gekarrt werden. Abladen von Hand war beim Anhänger eigentlich immer notwendig, denn die wenigsten Anhänger waren seinerzeit mit einer Kippvorrichtung versehen. Gerade diese Arbeiten waren nicht zu unterschätzen, denn sie zählten in den Fünfzigern zu den häufigsten Arbeiten, die ein Schlepper zusammen mit einem Anhänger in der kleinen Landwirtschaft zu bewältigen hatte. Sehr vorteilhaft wurde es bei der Weidehaltung von Milch-

Der Alldog mit Ladepritsche und Anbaugrasmäher, . . .

... hier als schneller Kipper, ...

... mit der transportablen Melkanlage ...

vieh, wenn auf der Weide gemolken werden mußte. Hier übernahm der Alldog nicht nur den Transport der Milchkannen, sondern er konnte mit einer kompletten Anbau-Melkanlage ausgerüstet werden, deren Antrieb von der hinteren Zapfwelle ausging und über einen Keilriemen auf die Pumpe ging, die auf einer Konsole hinter dem Alldog montiert war. Der Kessel war auf der dem Fahrer zugewandten Seite der Pritsche abgestellt. Die gute Geländegängigkeit, verbunden mit dem niedrigen Schwerpunkt, stellte sich hier als besonderer Vorteil heraus und ermöglichte damit den Einsatz sogar auf schwer zugänglichen Almen. Doch damit nicht genug, denn diese selbstfahrende Melkzentrale konnte genauso auf Höfen zum Einsatz kommen, die noch keinen elektrischen Strom besaßen.

Bei der Heuernte ließ sich der Alldog wieder als Schlepper verwenden und vor jede Heuerntemaschine spannen. Das Anbaumähwerk ersetzte wiederum wie bei der Grasernte den Motormäher, und im Zusammenhang mit der Hangsteuerung waren auch steilste Wiesen und Hänge zu mähen. Sollte doch einmal ein Hang mit der normalen Spurbreite nicht zu bewältigen sein, so konnte kurzerhand auf die Spurverbreiterung zurückgegriffen werden.

Zum Zetten und Wenden des Mähguts standen die von Lanz in Zweibrücken gefertigten Heuerntemaschinen zur Verfügung. Von Lanz wurde besonders der altbewährte Gabelheuwender LGW 60, der Schlepper-Wenderechen NR 800, oder die ursprünglich für den Gespannbetrieb gebauten Heurechen vom Typ LR und LS empfohlen. Auch der erst später hergestellte Zettwender ZW 70 war ebenfalls für den Alldog geeignet.

Der Alldog als Transporter für Baustoffe auf dem Feld, ...

... als Transporter im Zuk-kerrübenanbau, ...

... als Holztransporter mit Triebachsenanhänger, ...

... als Kartoffeltransporter an die Sortiermaschine, ...

... als Transporter bei der Getreideernte, ...

... als Transporter bei der Rübenernte.

...oder als Milchtransporter.

...bei der Grünfutterernte...

...und dem Grünfuttertransport

...oder hier bei der Heuernte...

...sowie zur Mistabfahrt als Dung auf die Felder.

Doch wer bereits eine Heuerntemaschine eines anderen Fabrikates besaß, war deshalb keinesfalls im Nachteil, denn diese Maschinen und Geräte waren genauso zu verwenden. Mit dem Alldog war wirklich jede in der Heuernte anfallende Arbeit zu bewältigen und dies in der kleinen Landwirtschaft meist einfacher als mit einem herkömmlichen Schlepper. Als dann Lanz mit dem Kombilader LS 160 auf dem Markt aufwartete, waren die Heu- und Grünfutterernte und auch die Rübenblattbergung mit dem Alldog noch einfacher geworden. Auch die Pflege der Wiesen und Weiden im Weidebetrieb war beste Alldogarbeit, denn mit ihm ließen sich Wiesen und Weiden problemlos ausmähen, selbst an steilen Hängen. Hier konnte wiederum mit der Hangsteuerung und auch mit Spurverbreiterung gearbeitet werden, womit dem Alldog ein absolut niedriger Schwerpunkt bei großer Fläche vermit-

Der Alldog mit der Weinberg-Seilwinde ...

telt wurde, die ein Umwerfen des Alldog nahezu unmöglich machte. Das gleiche galt auch für das Frühjahr, wenn die Wiesen und Weiden abgeeggt und gedüngt werden mußten. Besonders zu gebrauchen war er im Weidebetrieb bei der Zäunung, denn es konnten die benötigten Werkzeuge und auch die Materialien wie Draht und Pfähle an wirklich schwer zugängliche Verwendungsorte transportiert werden, wo der Radschlepper mit einem beladenen Anhänger ein zu großes Unfallrisiko dargestellt hätte.
Beim Ausbringen von Jauche oder Gülle war der Alldog unschlagbar, verglichen mit dem herkömmlichen Radschlepper, denn hier konnte einmal das Güllefaß direkt auf dem Anbaurahmen aufgesteckt werden, oder das herkömmliche bereits vorhandene Güllefaß wurde einfach auf die Ladepritsche aufgebaut. War dagegen schon ein kompletter Güllewagen vorhanden, meist ein Einachswagen mit fest verschraubtem Faß, wie man sie in den Fünfzigern häufig antraf, so ließ sich der Alldog wiederum als Schlepper verwenden. Der große Vorteil lag aber darin, daß dem Alldog der Güllewagen angehängt und gleichzeitig ein Güllefaß aufgeladen werden konnte, womit die doppelte Menge transportiert werden konnte. Dies war besonders bei großen Wegstrecken lohnend.

Der Weinbau

Die Vielseitigkeit des Alldog machte auch vor dem Weinbau nicht halt, obwohl er doch kein spezieller Weinbauschlepper war. Im Gegenteil, mit dem Alldog konnten alle anfallenden Arbeiten vieler Weinbaubetriebe zumindest in Baden-Württemberg und ähnlich strukturierten Ländern übernommen werden. In vielen Weinbaubetrieben der damaligen Zeit war neben dem Weinbau noch eine Landwirtschaft mit Viehhaltung anhängig, und hier war es besonders vorteilhaft, mit ein und derselben Maschine alle Arbeiten zu erledigen. Für die Bearbeitung des eng angelegten und nicht befahrbaren Rebenackers stand der Binger-Seilzug zur Verfügung, der am Anbaurahmen des Alldog angebracht und über die vordere Zapfwelle angetrieben wurde. Ein Seilzug, der in etwas abgeänderter Bauweise auch am Normalschlepper Verwendung finden konnte. Der Seilzug lag seitlich links, quer zum Alldog, und gestattete eine Arbeitsentfernung bis zu 150 Meter, denn auf der Rolle waren 150 Meter Seil aufge-

... und bei der Schädlingsbekämpfung mit der aufgesetzten Spritzanlage.

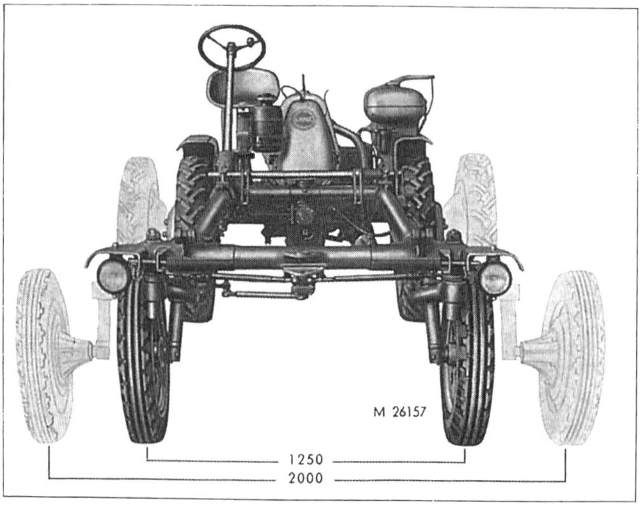

Spurverstellung, egal ob im Weinberg, an steilen Hängen oder bei Kulturarbeiten.

wickelt. An diesem Seil wurden die jeweils notwendigen Bodenbearbeitungsgeräte befestigt und von Hand samt Seil die Gasse zwischen den Reben nach unten gezogen, um hier in den Einsatz zu kommen. In direktem Seilzug und mit Alldogkraft ging es dann hangaufwärts. War die erste Reihe bearbeitet, wurde der Alldog zur nächsten Gasse gefahren und das Ganze wiederholte sich so lange, bis der Weinberg fertig war.

Es gab für die Bearbeitung des Weinbergs einen Häufelpflug, mit dem in der Gassenmitte eine Furche gezogen und die Erdwälle links und rechts an die Rebzeilen gelegt werden konnten und einen weiteren Pflug, mit dem die Erdwälle wieder in die Gassenmitte zurückgelegt werden konnten. Ebenso gab es zur Unkrautbekämpfung einen eisenbereiften Kultivator, der mit Hilfe des Seilzugs durch die Reihen gezogen wurde, während die Unkrautbekämpfung zwischen den Stöcken noch Handarbeit war.

Einmal im Jahr mußte der durch den Regen abgeschwemmte Boden wieder in die Rebenreihen transportiert werden. Die Erde wurde unten am Fuße des Weinbergs in eine herkömmliche Schubkarre geladen und mit Hilfe des Seilzuges nach oben gebracht. Auch bei der Schädlingsbekämpfung, die im Weinbau eine wichtige Rolle spielt, war der Alldog von Vorteil. Er wurde mit der Platz-Patriaspritze und einem 600 Liter fassenden Spritzbehälter auf dem Anbaurahmen ausgerüstet. Ferner gehörten eine Schlauchanlage mit Schlauchhaspel und Tragegestellen dazu. Die Beschäftigten zogen die Schläuche von Rebstock zu Rebstock, von Reihe zu Reihe und konnten so jede Pflanze spritzen. Ebenso wertvoll war der Alldog im Weinbau als Transporter für Düngemittel, Draht, Pfähle und vielem mehr, bis hin zur Weinlese, wenn mit ihm die geernteten Weintrauben nach einem mühevollen Jahr der Arbeit zur Kelter gebracht wurden.

Wald- und Forstwirtschaft

Ein wichtiger Bestandteil unserer Landwirtschaft war und ist natürlich der Wald. Seine Bewirtschaftung darf genauso wenig vergessen werden wie die Acker- und Feldbewirtschaftung, die Milchwirtschaft oder der Weinbau, denn auch hier konnte der Alldog bei richtigem Einsatz ein nützlicher und brauchbarer Helfer sein. Seine Hauptarbeitsgebiete lagen in der Neuanpflanzung, Schwach- und Brennholzernte und in der Wegeunterhaltung. Bei der Neuanpflanzung übernahm der Alldog hauptsächlich die Aufgaben des Transports von Setz- und Stecklingen und des notwendigen Werkzeuges oder auch bei notwendigen Einfriedungen die Pfähle, Zäune, den Draht und das Handwerkszeug. Nicht zu vergessen den anschließenden Wassertransport per Aufbautank zum Angießen der Pflanzen oder bei großen Flächen das Pumpen von Wasser mittels einer Anbaupumpe. Für die Schwachholzernte gab es die Ausrüstung einer Seilwinde und Berg-

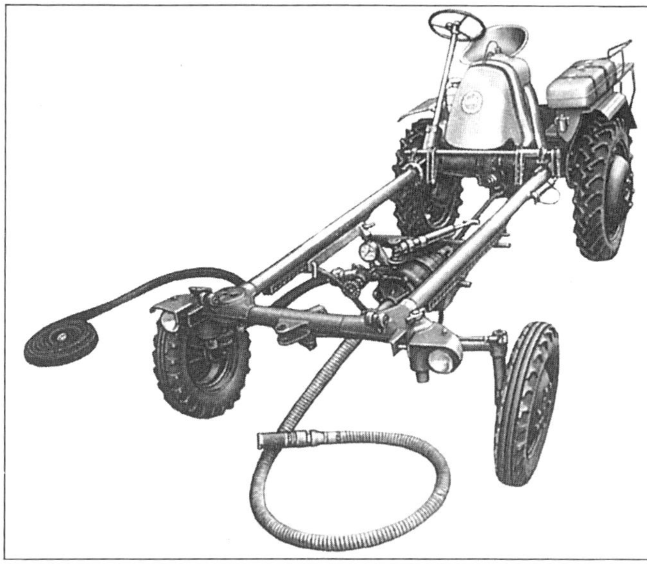

Links der Alldog mit Seilwinde für die Schwachholzbergung, und oben mit Pumpe zum Beregnen, Be- und Entwässern oder zum Feuerlöschen.

stütze zum Rücken schwächerer Stämme in Erstdurchforstungen, oder von Brennholz und Papierholz. Ebenso konnte er mit der Ladepritsche und einem Triebachsanhänger nicht nur das Rücken von Papier- und Brennholz übernehmen, sondern den Transport zur Sammelstelle oder nach Hause besorgen, und er diente wiederum als Transportfahrzeug für das gesamte Waldgeschirr. Selbst bei der gewerblichen Forstpflanzenanzucht war der Alldog ein gern benutzter Helfer. Hier konnte er bei der Herstellung des Waldackers und bei der Bestellung von Saat- und Verschulbeeten eingesetzt werden. Auch die Pflege der Beete, Unkraut- und Schädlingsbekämpfung waren möglich und auch die anfallenden Transportarbeiten sowie die Bewässerung mit Hilfe einer vom Geräteträger angetriebenen Pumpe oder wiederum mit Hilfe des Aufbautanks. Wenn bei Pflanzungen größerer Pflanzen Pflanzlöcher größeren Ausmaßes notwendig wurden, so half der Erdbohrer, der sowohl im Forst- wie auch im Obstbau Verwendung fand. Seine Montage erfolgte am Hinterteil des Alldog und der Antrieb über die hintere Zapfwelle.
Ein großes Problem stellte seinerzeit noch das Fällen der Bäume dar. Zwar gab es schon Motor-

Links der Alldog als Transporter für Waldarbeiter, Werkzeug und Holz, rechts als Stromquelle für die Elektromotorsäge.

Alldog mit Erdbohrer mit bis zu 60 cm Durchmesser.

sägen, meist Zweimannsägen, doch im kleinbäuerlichen Privatwald war die schweißtreibende Zweimann-Handsäge noch vorherrschend. Bei den Motorsägen war die Entwicklung noch gespalten. Einerseits waren die Sägen mit schweren und unhandlichen Verbrennungsmotoren zu bekommen, die sehr viel Kraft und Anstrengung erforderten, andererseits gab es handliche Sägen mit vergleichsweise kleinen Elektromotoren. Doch hier war das Problem, wie man den Strom in den Wald bekommen sollte. Doch wie sollte es auch anders sein: der Alldog stand mit der Problemlösung parat. Ein Anbau-Generator, geliefert von der Firma Eisenmann, wurde im Anbaurahmen befestigt und lieferte so den Strom an Ort und Stelle.

Bei der Wegeunterhaltung jedoch war der große Waldbesitz wie auch Staatswald bevorzugt angesprochen, da hier die großangelegten Schotter- und Fahrwege zu finden waren. Mit dem Alldog ließen sich die Bankette hervorragend mähen, oder mit einer speziellen Fräse abfräsen, um einen zuverlässigen und geregelten Ablauf des Regenwassers von der Fahrbahn in die Seitengräben zu gewährleisten. Den verfilzten und überwachsenden Banketten konnte auch mit dem Bordkantenschneidgerät zu Leibe gerückt werden, um ein Einwachsen von Unkräutern in die sandwassergebundene Fahrbahn zu verhindern. Die Pflege der Fahrbahndecke wiederum konnte mit dem Planiergerät der Firma Schmidt, St. Blasien, getätigt werden. Es wurde in den Alldograhmen eingebaut und konnte nach links oder rechts geschwenkt werden, das Anheben und Senken erfolgte hydraulisch. Damit wurde das Sand-Splittgemisch der ausgefahrenen Fahrrinnen in die Wegmitte transportiert, frisch gemischt und erneut auf der Fahrbahn verteilt.

Die Unkraut- und Schädlingsbekämpfung

Obwohl schon mehrfach angeschnitten, soll hier nochmals auf sie eingegangen werden: die chemische Unkraut- und Schädlingsbekämpfung. Sie gewann mehr und mehr an Bedeutung in der motorisierten und mechanisierten Landwirtschaft und ermöglichte einen gezielten und ertragreichen Anbau mit geringstmöglichem Risiko von Unkrautverwucherung und Schädlingsbefall. Deshalb war es zwingend für die Firma Lanz, den Alldog gerade für die chemische Unkraut- und Schädlingsbekämpfung brauchbar zu machen.

Mit dem Bordkantenschneidegerät rückt man den überwachsenden Banketten zu Leibe.

Oben bei der Schädlingsbekämpfung in großen Obstbäumen, oben rechts in gemischten Obstkulturen, und rechts im Hopfenbau.

Doch bei der sprichwörtlichen Vielseitigkeit war dies überhaupt kein Problem, der Anbaurahmen des Alldog bot Raum für die vielseitigsten Gerätschaften, und das Zubehör lieferte in diesem Fall die Firma Platz. So stand die Aufbauspritze Patria der genannten Firma und ein 600 Liter fassendes Holzfaß mit einem acht Meter breiten Spritzgestänge zur Verfügung, die aber alsbald von einem Stahltank und einem zehn Meter breiten Spritzgestänge ersetzt wurden. Fand der Tank im Anbaurahmen seinen Platz, so wurde das Spritzgestänge und die Pumpe hinter dem Fahrersitz montiert. Der Antrieb der Pumpe erfolgte über die hintere Zapfwelle. Mit diesem Aufbau ließen sich nun wirklich alle Flächen, ob Wiese oder Weide, Acker oder Beet, zuverlässig und wirtschaftlich besprühen. Selbst Obstbäume zu besprühen, war kein Problem mehr. Das Spritzgestänge wurde senkrecht gestellt, mit einem zehn Meter langen Hochdruckschlauch und Hochdruckstrahler versehen und war so zur Baumspritzanlage umgerüstet.

Die Hofarbeit

Eine alte Weisheit: Je mehr und je häufiger eine Maschine einzusetzen war, je wirtschaftlicher wurde sie. Und daß der Alldog mit seinen Geräten nun wirklich jede Bestellungs-, Pflege-, Ernte-, Antriebs- und Transportarbeit entsprechend der anfänglichen Ankündigung aus einer Betriebsanleitung verrichten konnte, haben die vorangegangenen Seiten gezeigt. Damit hat sich also die haushohe Überlegenheit gegenüber dem Standardschlepper bewiesen, selbst auf die Gefahr hin, daß doch die eine oder andere Arbeit vergessen wurde. Doch wer nun glaubt, daß damit das Alldog-Jahr abgeschlossen war, der irrt gewaltig. Gerade im Spätherbst und Winter, wenn die Tage immer kürzer und die Nächte länger wurden, wenn die Feldarbeit abgeschlossen war und die verbliebene Arbeit sich voll in Haus und Hof, allenfalls noch im Forst abspielte, dann kam die Alldog-Stationärzeit. Dann hatte man ihn zum Antrieb für die unterschiedlichsten Maschinen gebraucht, denn man darf nicht vergessen, daß damals in den fünfziger Jahren nicht wie heute jede Maschine mit einem Elektromotor ausgerüstet war. Meist war eine Transmission vorhanden, die sich durch die ganzen Wirt-

Der Alldog, ausgerüstet mit Bandsäge.

Hier mit einer Kreissäge versehen.

schaftsgebäude zog und die Verbindung zu den einzelnen Maschinen und Geräten wie Dreschmaschine, Kornsiebmaschine, Futterschneidmaschine, Reisighackmaschine, Kornreinigungsmaschine, Schrotmühle, Obstquetschmühle, Mahlmühle, Schleifstein, und oft auch zur hauseigenen Werkstatt herstellte, doch der Anfang ging immer vom Maschinenhaus aus. Hier war dann der Antrieb zu finden: ein Elektromotor, ein Benziner oder sogar ein kleiner Diesel, doch oft mußte auch der Schlepper hergefahren werden, um den Antrieb zu übernehmen. Daß hier natürlich auch der Alldog stehen konnte, bedarf keiner besonderen Erwähnung, doch ließen sich diese Maschinen mit dem Alldog auch einzeln antreiben. Waren eine Band- oder Kreissäge vorhanden, so wurde der Antrieb auch hierfür übernommen, doch gerade bei der Brennholzverarbeitung hatte der Alldog besondere Angebote zu machen. So gab es einmal eine Anbau-Kreissäge, die am Hinterteil montiert wurde und ihren Antrieb über die Riemenscheibe erhielt, und es gab eine Anbau-Bandsäge zum Anbau im Geräterahmen mit dem Antrieb über die vordere Zapfwelle. War das Brennholz gesägt, ging's mit dem Spalten weiter. Aber nicht von Hand und im Stehen, nein, der kluge Bauer montierte auf der hinteren Zapfwelle die Spaltschnecke und darunter den Spalttisch und konnte nun bequem im Sitzen das ganze Brennholz aufspalten.

Aber auch bei der Hofarbeit war der Alldog während der Wintermonate vielseitig einsetzbar, etwa beim Brennholztransport oder beim Futtertransport von den Silos und Mieten in das Stallgebäude, oder bei und und und ...

Beim Holzspalten

Sägearbeiten waren selbst im Wald möglich mit der bereits vorhandenen Kreissäge, wenn der Antrieb wie hier über die Riemenscheibe erfolgte.

Der Alldog im Kommunal- und Straßendienst, in Industrie, Gewerbe und Handwerk

Liest man die Zeilen der Vielseitigkeit des Alldog-Geräteträgers, so drängt sich schnell der Gedanke auf, daß diese Maschine nicht allein der Landwirtschaft vorbehalten bleiben darf. Da muß es noch andere Anwendungsgebiete geben. Und man muß nicht lange suchen, um sie zu finden. Allein für den vielseitigen Kommunaldienst mit dem Bau des Straßen- und Fußwegenetzes, den öffentlichen Parkplätzen, aber auch das Anlegen und Pflegen von Parkanlagen, Beeten, Bäumen und Sträuchern. Dazu verlangten der immer mehr zunehmende Verkehr auf dem Lande und nicht zuletzt die Motorisierung der Landwirtschaft schon damals von den Gemeinden und Straßenverwaltungen höhere Anforderungen für die Unterhaltung des ländlichen Wege- und Straßennetzes. Auch Straßenreinigung und Winterdienst oder die Müllabfuhr drängten in den Landgemeinden zu modernen und kostengünstigen Lösungen. Deshalb wurde für den Alldog eine stattliche Anzahl von Gerätschaften entwikkelt, um diesen Aufgaben gerecht werden zu können. Als großer Vorteil zeigte sich außerdem, daß der Alldog mit der Schädlingsbekämpfung fertig wurde, die ebenso durch eine Gemeinde wahrgenommen werden konnte. Viele dieser Geräte und Einrichtungen fanden aber auch Verwendung bei Industrie, Gewerbe, Lohnunternehmen und Handwerk, ja selbst noch in der Land- und Forstwirtschaft, so daß eine klare Trennung der einzelnen Bereiche gar nicht möglich ist.

Zunächst gab es den Alldog als Transporter mit aufgelegter Ladepritsche, auf Wunsch mit einem Allwetter-Verdeck. Dieses bestand aus einer gewölbten Plexiglasscheibe und einer Dachbespannung, konnte aber auch mit zwei Seiten- und einem Rückenteil erweitert werden. Die Firma Ries in Bruchsal lieferte eine Straßenreinigungsanlage wahlweise in zwei Ausführungen, einmal als Kehrmaschine und einmal als Kehrmaschine mit Wasserfaß und Sprengeinrichtung. Der Kehrbesen wurde dabei unter dem Anbaurahmen im Zwischenachsbereich und der Tank auf dem Anbaurahmen montiert. Zum Antrieb diente die vor-

Mit dem Bordkantenschneider sorgte der Alldog für saubere Straßenränder.

Mit Kehrbesen und Spritzfaß war eine wirtschaftliche Straßenreinigung möglich.

Im Winter war die Schneebeseitigung sein Metier ...

...ebenso ließ sich bei Glatteis Salz oder Split auftragen.

dere Zapfwelle. Zum Betrieb der Sprengeinrichtung war eine Wasserpumpe auf der Alldog-Rückseite zu montieren, der Antrieb ging über einen Keilriemen von der hinteren Zapfwelle aus. Zur Säuberung der Wege- und Straßenkanten stand das Bordkanten-Schneidgerät der Firma Schmidt in St. Blasien im Schwarzwald zur Verfügung. Auch hier fand der Anbau unterhalb des Rahmens im Zwischenachsbereich statt, das Ausheben erfolgte hydraulisch. Um ein optimales Arbeiten zu gewährleisten, bot Lanz eine Vielzahl verschiedener Gewichte an, mit denen das Schneidegerät individuell beschwert und ausgerichtet werden konnte.

Selbst zur selbstfahrenden Spezialmaschine für Straßenunterhaltung und -Instandsetzung ließ sich der Alldog ausbauen, wurde er mit dem Kaltasphalt-Spritzgerät ausgerüstet. Zusammen mit einem Spezialanhänger für die Splittauftragung bildete diese Kombination einen Instandsetzungszug, der sich besonders für Straßenämter, Straßenbau-Unternehmen wie auch für Gemeinden und Forstverwaltungen eignete. Das Spritzgerät wurde von oben in den Anbaurahmen des Alldog eingehängt und verschraubt. Der Antrieb für die Kleinkompressor-Anlage wurde dabei von der vorderen Zapfwelle abgenommen. Um das Spritzgerät mit seinen 410 Litern Inhalt zu befüllen, gab es eine weitere zapfwellengetriebene Pumpe. Ferner stand eine komplette Spritzgarnitur mit Schlauch, Ausblasrohr und Bürste zur Verfügung, ebenso ein 63 kg schwerer Preßluftstampfer und eine Farbspritzpistole für Markierungsarbeiten. Der Spezialanhänger, auch Splitt-Transporter genannt, wurde dabei hinten an den Alldog angehängt. Er war mit einer ausziehbaren Deichsel und einer Entleerungsklappe ausgerüstet und bot darüber hinaus eine Mitfahrgelegenheit für zwei Personen. Insgesamt ließen sich mit dieser Spezialmaschine bis zu 8000 Liter Kaltasphalt pro Arbeitstag verarbeiten oder aber bis 3500 m² Straße belegen, doch damit nicht genug, denn bei Verwendung eines zweiten Alldog konnte dieser als Splitt-Transporter umgebaut und eingesetzt werden. Hier zählte zur Ausrüstung zunächst ein besonderes Hauptmerkmal: eine hydraulische Ladeschaufel. Nun, Ladeschaufeln oder Frontlader zur Beladung weiterer Fahrzeuge waren ja wirklich nichts Neues, doch mit dieser Ladeschaufel ließ sich die eigene Pritsche beladen, eine wirklich nicht alltägliche Einrichtung! Die Ladeschaufel wurde an der Alldog-Vorderseite montiert und konnte beim Vorwärtsfahren das Ladegut aufnehmen. Durch Hochheben schwenkte sie nach hinten um den eigenen Lager-Drehpunkt und entleerte sich dann auf die Pritsche. Zwischen Motor und Pritsche war nun ein großer Trichter anzubringen, an dessen unterem Ende das Streurad montiert war. War die Pritsche beladen, so nahm ein Arbeiter darauf Platz und schaufelte das Streugut in den Trichter, wobei das Streurad für eine gleichmäßige Verteilung sorgte. Zum Schutz des auf der Pritsche mitfahrenden Arbeiters wurde bei dieser Kombi-

Müllabfuhr Mitte der fünfziger Jahre: Mit dem Alldog war auch dies möglich.

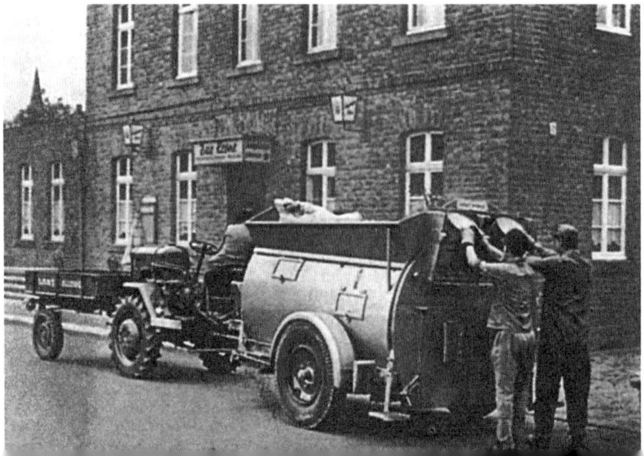

Selbstverständlich auch die Kanalreinigung

Auch die Benediktiner-Abtei Plankstetten verwendet für den Kartoffelanbau noch heute einen Alldog. Dieser wurde 1955 angeschafft und ist inzwischen mit einem Deutz-Dieselmotor ausgerüstet.
Links der landwirtschaftliche Baumeister Frater Richard, rechts Frater Bernhard, zuständig für Garten- und Gemüseanbau. *Foto: Kurt Häfner*

Gleich eine ganze Sammlung sauber restaurierter Alldogs nennt Klaus Lilienthal aus dem norddeutschen Probsteierhagen sein eigen. Hier zu sehen ein A 1215 mit Tauschmotor und Hassia-Sämaschine, ein A 1806 mit Häufelgerät sowie ein A 1306 mit aufgebautem Spritzfaß. *Foto: Kurt Häfner*

Auch ihn gibt es noch: den 92. Alldog. Walter Fischer aus Sersheim nennt ihn seit 20 Jahren sein eigen. Der Alldog war einst mit Benzinmotor, dann mit einem Halbdiesel und heute mit einem Volldiesel-Motor ausgerüstet. Vor zwei Jahren erhielt er diese Top-Restaurierung. Der findige Besitzer montierte damals diese schallgeschützte Bullihaube und verlieh ihm damit ein schmuckes Aussehen.

Auch Otto Witter aus Winterbach am Bodensee setzt diesen Alldog A 1806 gelegentlich zum Arbeiten ein. Bis vor wenigen Jahren stand er noch täglich im Einsatz. *Foto: Kurt Häfner*

Dieser sauber restaurierte A 1806 war 1992 auf dem Historischen Festival in Sevenum in Holland zu bewundern. Foto: Kurt Häfner

Drei Jahre restaurierte Karl Weber aus Gusenburg an seinem Alldog A 1806, um ihm diese Schönheit zu verleihen. Das kleine Bild links erlaubt einen Blick unter die Motorhaube. Fotos: Karl Weber

Martin Sander und sein Vater sind beide John-Deere-Mitarbeiter und Nebenerwerbslandwirte. Auf dem Hof laufen neben einem D 2816 noch zwei Alldogs, ein A 1305 mit Original-Motor und ein A 1806 mit MWM-Motor. Der A 1806 in grün-gelber Farbe stammt aus dem Jahr 1960 und ist damit einer der letzten Geräteträger, die noch gebaut wurden. Foto: Kurt Häfner

LANZ Alldog 18 PS Type A 1806

Wer vom Geräteträger spricht, denkt an den ALLDOG. Der ALLDOG A 1806 wird die meistbeschäftigte Maschine auf Ihrem Hof werden, ob er nun als Alleinmaschine zu allen Arbeiten oder als Zweitmaschine zu Bestellungs- und Pflegearbeiten eingesetzt wird.

Tag für Tag, das ganze Jahr hindurch, werden Sie selbst von neuem überrascht sein über die Vielseitigkeit, Zuverlässigkeit und Leistungsfähigkeit des ALLDOG. Durch das Zusammenfassen mehrerer Arbeitsgänge, wie Düngerstreuen, Drillen und Eggen oder Hacken und Düngerstreuen, gewinnen Sie Zeit und sparen Fahrspuren. Durch seine Hangsteuerung und die volle Sicht auf die im Blickfeld des Fahrers arbeitenden Geräte ist selbst im hängigen Gelände die Hackfruchtpflege und -ernte mit einem Mann durchzuführen. Auch alle anderen Hof- und Feldarbeiten, wie Mähen, Ackern, Transporte usw., erledigt der ALLDOG zu Ihrer vollen Zufriedenheit. Immer werden Sie ohne zusätzlichen Bedienungsmann erstklassige Arbeit leisten; nie wird Ihr ALLDOG Sie enttäuschen.

Aber nicht nur mit der Arbeit selbst werden Sie schneller fertig als bisher, auch zum Gerätewechsel brauchen Sie jeweils nur wenige Minuten, sparen also wertvolle Zeit. Wenn Sie den ALLDOG erst einmal eingesetzt haben, werden Sie bald erkennen, daß er Pflegemaschine, Zugschlepper, Triebachsanhänger und Lieferwagen in einem ist, — daß Sie ohne ihn eigentlich gar nicht mehr auskommen.

LANZ
A 1806

Alldog in grün-gelb. Werbung 1959

Böschungspflege . . .

Ausbesserungsarbeiten

nation die Rollpritsche mit einer Geländereinfassung versehen.
Außerdem gab es eine Streueinrichtung mit einem Loch im Pritschenboden nahe der Pritschenmitte, wo das Streurad unterhalb der Pritsche im Anbaurahmen montiert war. Übrigens, beide Streueinrichtungen eigneten sich gleichermaßen zum Streuen von Splitt, Salz oder Sand, womit auch der Winterdienst angesprochen ist. Um nochmals auf die Ladeschaufel zu kommen: Sie war natürlich zum Beladen aller Schüttgüter geeignet, auch wenn nur transportiert und wieder abgekippt werden mußte. Auch an das Kippen war gedacht, wie sollte es anders sein? Die Ladepritsche konnte ja mit der angebauten Ladeschaufel nicht mehr nach vorne gekippt werden. Doch eine hydraulische Einrichtung sorgte für die Möglichkeit des seitlichen Kippens nach rechts oder links.
Viele bekannte und unbekannte Gerätehersteller boten ihre Produkte für alle erdenklichen Einsatzgebiete an. Wurde etwa ein Lader benötigt, so konnte der Hydrauliklader Al 320 A der Firma Weyhausen in Delmenhorst angebaut werden,

. . . oder Planierungsarbeiten

Verladen und Transport der schweren Teerfässer.

jener Firma, die ihre Produkte unter dem Namen „Atlas“ vertrieb. Es handelte sich um einen Schwenklader, der auf den Alldog-Rahmen gesetzt und an den Lochschienen gesichert wurde. Um den großen Schwenkbereich des Laders voll ausnutzen zu können, war er mit hydraulischen Abstützungen ausgerüstet. Die Montage war sowohl beim 13 PS als auch beim 18 PS starken Alldog möglich. Damit war aus dem Alldog ein einfacher Lader geworden, zum Beladen anderer Fahrzeuge oder einfach zum Umsetzen verschiedener Schüttgüter.

Als weiteres Ladegerät stand für beide Alldogtypen der Baas-Frontlader zur Verfügung. Auch er wurde auf den Alldog-Rahmen aufgebaut. Es war der Baas-Frontlader mit den typischen ovalen Schwingen. Die Prototypen hatte man in Steinbrüchen mit dem Lanz-Bulldog für die Praxis getestet. Später gab es sogar eine Ausführung, bei der die Schwingen schwenkbar auf den Alldograhmen aufgebaut wurden. Ein Vorteil, der beim Standardschlepper bauartbedingt nicht möglich war.

Diese beiden Frontladerarten standen natürlich auch der Land- und Forstwirtschaft zur Verfügung. Sehr vorteilhaft war auch das Förderband von der Firma H. u. S. aus Hannover. Laut Aussage eines Werbeprospekts kam diese Idee von da, wo die besten Ideen herkommen: Aus der Praxis! Einem Fuhrunternehmer fehlten beim Beladen seiner Fahrzeuge immer die notwendigen Hilfskräfte. Deshalb montierte er sich ein Förderband auf den Alldog.

Auf den Rahmen des Alldog aufgesetzt und durch die vordere Zapfwelle angetrieben, hatte er nun ein fahrbares Förderband für Säcke und Stückgüter, für lose Güter wie Ziegelsteine und ähnliches, oder für Sand, Kies, Erde und dergleichen. Einsatzgebiete für dieses fahrbare Förderband auf dem Alldog waren natürlich auch landwirtschaftliche Lagerhallen, Sand- und Kiesgruben, ebenfalls Bauhöfe zur Unterhaltung von Straßen, Wirtschaftswegen und Baustellen.

Ebenfalls auf die Beseitigung von Handarbeit zielte auch die Verwendung des Anbau-Generators. Die Firma Eisenmann in Stuttgart (heute Bosch) bot den Generator wahlweise für Dreh- oder Wechselstrom an. Der Anbau erfolgte im Geräterahmen, der Antrieb durch die vordere Zapfwelle.

So ausgerüstet konnte der Alldog überall dort eingesetzt werden, wo elektrische Maschinen und Geräte zum Einsatz kommen sollten, der Strom aber fehlte. Hier soll als Beispiel nur der Tief- und Hochbau mit allen anfallenden Arbeiten genannt werden.

Auch die in Frankfurt beheimatete Firma A. van Kaick bot einen Drehstromgenerator für Zapfwellenbetrieb an, der aber nicht nur als Stromerzeuger, sondern auch als Schweißgenerator genutzt werden konnte. Er diente sozusagen als Schlüsselgerät nicht nur auf Baustellen, auch bei der

Ausbringen des Teerbelags.

Bahn und Verkehrsbetrieben, im Straßen- und Wegebau zum Antrieb aller elektrischen Gerätschaften, selbst für Reparaturen fernab jedem Stromnetz.
Bei der Pflege kommunaler Einrichtungen wie Parks, Hecken, Sträucher und dergleichen diente der Generatorstrom gleichfalls als Stromquelle für Heckenscheren und Kettensägen.
Vielseitig wie der Alldog waren eigentlich alle Einsätze; wie sonst sollte er zum Unterhalten von Gleisanlagen Verwendung finden? Hier nämlich konnte auf die Gleisstopfanlage zurückgegriffen werden, die auf Empfehlung des Werks nur zusammen mit der kombinierten Sitz- und Ladepritsche gekauft werden sollte. Der Betrieb erforderte hier allerdings ganze Kraft, so daß nur der Alldog mit MWM-Motor in Frage kam. Der Kompressor vom Typ „1200" des Frankenwerk Marktredwitz rundete die Einsatzmöglichkeiten des Alldog-Geräteträgers schließlich ab und machte ihn vollends zum unentbehrlichen Helfer aller Berufssparten, die auch nur im entferntesten mit der Bauwirtschaft zu tun hatten. Im Straßenbau bot sich die Möglichkeit, durch Einsetzen der verschiedenen Aufreiß- und Spatenhämmer, kleine Straßen- und Wegeschäden sofort und ohne be-

Auch im Baugewerbe war der Alldog ein nützlicher Helfer, wie hier rechts bei Planierarbeiten, . . . oder Ladearbeiten mit dem Frontlader (links)

Mit dem Baukompressor und der kombinierten Sitz- und Ladepritsche, egal ob im Steinbruch (links) oder auf Baustellen (rechts)

sondere Umstände zu beheben. Perfektioniert wurden diese Instandsetzungen noch durch das bereits erwähnte Kaltasphalt-Spritzgerät. Aber auch Markierungsarbeiten auf der Straße, an Straßenbegrenzungen, Pfählen, Wegweisern und Schranken konnten mit der Farbsprühpistole an Ort und Stelle durchgeführt werden. Eine Mörtelverputzanlage ermöglichte Reparaturen nicht nur an öffentlichen Bauwerken im Dienste der Kommunen, auch die Gipsergilde konnte damit ihrem Handwerk nachkommen. Ein weiteres, interessantes Gerät für den Kommunalbetrieb diente der Reinigung von Gasleitungen. Zusammenfassend kann also gesagt werden, daß der Alldog in Verbindung mit Kompressor und den damit angetriebenen und betätigten Werkzeugen an nahezu allen Orten eingesetzt werden konnte.

Die schon mehrfach erwähnte kombinierte Sitz- und Ladepritsche diente zusätzlich dem Transport von Menschen und Werkzeug. Als weitere Zusatzausrüstung konnte dazu noch eine ausziehbare Werkbank mit passendem Schutzdach vor Sonne und Regen geliefert werden, oder aber die komplette Pritsche war alternativ mit einem Schutzdach zu versehen. So hatte man eine fahrbare und vom Stromnetz unabhängige Werkstatt, wo immer man sie brauchte. Bleibt nur noch zu erwähnen, daß der Kompressor mittels Spannschellen am Geräterahmen festgeklemmt wurde und den notwendigen Antrieb ebenfalls über die vordere Zapfwelle erhielt.

Sehr lohnend wiederum für Kommunen und Städte war das Kanalreinigungsgerät der Firma Ries in Bruchsal, mit dem ab sofort die maschinelle Kanalreinigung in die eigenen Hände genommen werden konnte. Es setzte sich zusammen aus einem hydraulisch kippbaren Schlammbehälter, einer Kanalwinde mit Drahtseil und Antrieb über die vordere Zapfwelle sowie einem Hebekran mit Betätigung über eine Handkurbel. Alle Bauteile waren fest auf dem Alldog aufge-

Verladen von Schuttmaterial mit dem Förderband.

Bei Schweißarbeiten . . .

. . . oder auch bei Ausbesserungsarbeiten an Gleisanlagen.

baut. Natürlich konnten die dazugehörigen Sonderausrüstungen und Kanalreinigungswerkzeuge wie Bürsten, Spiralen, Kanalpflüge- und Schnecken, Sohlenschaufeln und Kanaleimer ebenso bezogen werden, um diese schmutzige Arbeit den Ausführenden weitestgehend zu erleichtern. Da der Kraftbedarf nicht mehr als acht PS forderte, standen wiederum der 13-PS- wie auch der 18-PS-Alldog zur Auswahl.

Ein sehr breites Spektrum an Gerätschaften bot die in St. Blasien im Südschwarzwald beheimatete Firma Schmidt. Sie hatte sich auf solche Anbaugeräte spezialisiert und liefert heute noch viel für den Unimog. Neben dem schon eingangs erwähnten Bordkantenschneidegerät gab es den Erdbohrer, der neben der Land- und Forstwirtschaft auch bei Post und Bahn, den Straßenbauämtern und im Baugewerbe Interesse wekken sollte, konnten damit doch 60 cm große Löcher in einer Minute bis zu 70 cm tief gebohrt werden, und Löcher brauchte man wirklich vielerorts. In der Forstwirtschaft zur Pflanzung von starken Jungpflanzen, damals etwa stand die schnellwachsende Pappel in plantagenartigem Anbau hoch im Kurs. Aber auch Löcher für Kulturzäune im Wald oder Gatter- und Weidezäune in der Landwirtschaft waren schneller zu bohren, auch im Weinberg etwa bei Neuanlagen nach den Flurbereinigungen. Aber auch Betonpfosten und Grenzsteine fanden nach Alldog-Arbeit sicheren Halt.

Leichte Erdbewegungen wurden mit dem Erdschieber erledigt. Befestigt war er an der vorderen Anbauplatte, die Bedienung erfolgte hydraulisch. Einebnen von aufgeschüttetem Material wie es bei der Anlage von Straßen und den verschiedensten Plätzen oder beim Wirtschaftswegebau anfiel. Aber auch auf den kleinen Erd- und Mülldeponien, wie sie damals noch von vielen Gemeinden unterhalten wurden, leistete der Erdschieber wertvolle Hilfe, denn gerade hier war er doch wirtschaftlicher als schwere Spezialmaschinen. Ausgefahrenen, sandwassergebundenen Feld-, Wald- und Wirtschaftswegen begegnete man mit dem Planiergerät, wiederum von der Firma Schmidt geliefert. Das Planiergerät schürfte die mittlere Grasnarbe ab, durchmischte das Material und stellte den ursprünglichen Zustand der Fahrbahn wieder her. Angebaut war es im Rahmen zwischen den Achsen, und es konnte nach links oder rechts eingestellt werden. Die Aushebung erfolgte hydraulisch. Für den Winterdienst standen der Kundschaft verschiedene Schneepflüge zur Verfügung. Ob ein Keilpflug oder der einseitige Schiebepflug für Rechts- oder Linksbetrieb gewünscht wurde, beide Arten wurden geliefert. Zum Anbau benötigte man wie beim Erdschieber die vordere Anbauplatte mit Stützen und Hubzylinder. Damit war nun eine schnelle und kostengünstige Beseitigung der weißen Pracht möglich.

Der Alldog als Transporter von Mensch und Werkzeug zur Baustelle.

Werksseitig wurde jedoch empfohlen, die Rollpritsche aufzubauen und zu beladen, um eine bessere Spurhaltung zu erhalten, da der Alldog alleine doch etwas leicht war. Außerdem sollten für diese Arbeiten auch Schneeketten an den Treibrädern aufgezogen werden. Zur Verbesserung der Infrastruktur einer Gemeinde zählt auch die wirtschaftliche Müllabfuhr. Der Alldog diente hier als Zugfahrzeug für den Einachsmüllwagen, geliefert von der Firma Veybach in Wißkirchen-Evskirchen. Eine hygienisch saubere und fortschrittliche Lösung bot dieser Einachsmüllwagen, wenn man bedenkt, daß viele Gemeinden damals den Müll noch in offenen Pritschenwagen einsammelten und abtransportierten. Er wurde einfach an den Alldog angehängt, die Preß-Schnecke erhielt ihren Antrieb über die hintere Zapfwelle. Die Entladung auf dem Müllplatz erfolgte hydraulisch, die Kraftquelle ging wiederum vom Alldog-Motor aus.

Hier als fahrbare Werkstatt …

… oder wie hier als Stromquelle für den Betonmischer.

Vom Sohn des Schloßherrn zum Schlosser und Lanz-Monteur

Ulrich von Prittwitz

Ulrich von Prittwitz

Als ich, Ulrich Gotthard Erdmann von Prittwitz und Gaffron, als vierter Sohn des Rittergutbesitzers Kurt von Prittwitz und Gaffron und seiner Ehefrau Johanna, geb. von Rheinbaben, am 18. Mai 1923 in Moisdorf bei Jauer in Niederschlesien auf die Welt kam, hätte wohl damals kaum jemand für möglich gehalten, in welcher interessanten, aber doch artfremden Branche ich einmal landen würde. Nun war ich ja auch der vierte der Söhne, so daß ich für den Landbesitz kaum in Frage kam.

Zunächst wuchs ich mit meinen Brüdern in einer landschaftlich herrlichen Gegend – Vorberge des Riesengebirges – bis zu meinem sechsten Lebensjahr auf. Mein Urgroßvater hatte hier ein nach Kindervorstellungen schönes Schloß mit Turm und Zinnen im neugotischen Stil inmitten englischer Parkanlagen erbaut.

Kutschenfahrten mit rassigen Pferden in die Umgebung und große Kindergesellschaften an unseren Geburtstagen sind mir in schillernder Erinnerung geblieben.

Da aber Gut Moisdorf vom landwirtschaftlichen Standpunkt aus mit seinem bergigen Gelände und den flachgründigen, felsigen Böden auf die Dauer nicht rentabel sein konnte, verkaufte mein Vater Moisdorf und kaufte 1928 das Gut Schadeberg, Kreis Falkenberg, in Oberschlesien. Schadeberg war von der Fläche her kleiner, aber eben und fast steinfrei. Auch war eine Kartoffelbrennerei vorhanden, und kein Kirchenpatronat belastete den Besitz.

Mich interessierte nun auf dem Gut alles, was mit Maschinen zusammenhing. Der Vater hatte 1928 einen alten „Flader"-Motorpflug übernommen, den er bald durch einen neuen Fordson-Traktor ersetzte. Die Zuverlässigkeit der Traktoren damals war noch nicht sehr überzeugend, und Ruhe kehrte erst 1936 mit dem Kauf eines 35 PS starken Lanz-Bulldog aus der HR-Reihe ein. Im Werk Mannheim wurden die HR-Bulldogs „Hubers Reichtum" genannt. Ein dreifurchiger Anhängepflug und ein Lanz-Zapfwellenmähbinder wurden gleichzeitig angeschafft. Später kam dann noch ein Lanz-Kartoffelvorratsroder SR2 hinzu.

Nach vierjährigem Besuch der Volksschule schloß sich das Realgymnasium in Neisse an, und ab 1937 war ich in der Schulgemeinde Wikkersdorf bei Saalfeld in Thüringen, die ich 1939 mit der mittleren Reife verließ. Gerade diese Schule hat mich sehr stark für mein weiteres Leben geprägt. Für den Unterricht und die Erziehung standen als Lehrer hervorragende junge Pädagogen zur Verfügung, die wir als Jugendliche voll akzeptierten. Das Geld der Eltern und die Herkunft interessierten niemanden. Charakter, Kameradschaftlichkeit und Leistung des Schülers waren die Meilensteine im dortigen Zusammenleben. Alles war hier sehr praxisbezogen. So hatten wir eine eigene Schreinerei und Metallwerkstatt, wo man uns zusätzlich handwerkliches Grundwissen beibrachte. Auch für die schönen Künste – sowie die klassische Musik – wurde Verständnis geweckt und gefördert. Wir hatten wöchentliche Musikabende und fuhren öfters nach Weimar ins Nationaltheater, um Opern und Schauspiele zu sehen.

Einmal wurde uns die Oper „Die Meistersinger von Nürnberg" von Richard Wagner geboten. Sehr tief bewegte mich die Stelle, wo Meister Pog-

Das Rittergut Moisdorf in Niederschlesien

ner dem Walter von Stolzing die Meisterwürde verlieh und dieser sie ablehnt. Hans Sachs tritt dazwischen und ermahnt Walter von Stolzing mit dem bekannten Vers: „Verachtet mir die Meister nicht und ehrt mir ihre Kunst." Der Reim endet: „Drum sag ich Euch: Ehrt Euere deutschen Meister, dann bannt ihr gute Geister."

Ich glaube fast, daß die Schule Wickersdorf und die „Meistersinger" in mir den Wunsch weckten, einen praktischen Beruf zu ergreifen, um dann selbst einmal die Meisterwürde zu erlangen.

1939 begann ich nun als Maschinenschlosser-Lehrling bei der Daimler-Benz AG in Berlin-Marienfelde.

Die Ausbildung des Nachwuchses in den eigenen Lehrwerkstätten mit den eigenen Werk-Berufsschulen kann man im nachhinein bei Daimler-Benz nur in jeder Hinsicht als mustergültig bezeichnen. Da zwei Jahre Lehrzeit auch als Praktikum für ein späteres Studium ausreichten, ich wollte technischer Kaufmann werden, besuchte ich 1941 noch die einjährige Höhere Handelsschule in Neisse mit dem Erfolg einer kaufmännischen Grundlage.

Der Krieg machte mir einen Strich durch die Rechnung. Es folgten nun Reichsarbeitsdienst und Militärpflicht. Ich war eingesetzt auf den Kriegsschauplätzen in Rußland im Raum Charkow-Woronesch, in Südfrankreich bei der Invasion Provence im August 1944 und anschließend in Italien, wo ich an den Abwehrkämpfen in den Apenninen teilnahm. Hier wurde ich einmal durch Granatsplitter verwundet, konnte jedoch bei der Truppe bleiben. Zwischenzeitlich war ich zum Leutnant befördert worden und führte eine Gebirgskanonenbatterie im Raum Massa-Carrara. Nach italienischer Partisanengefangenschaft und anschließend als amerikanischer Kriegsgefangener in den Lagern Aversa bei Neapel und Livorno bei Pisa erfolgte im Januar 1946 meine Entlassung nach Bad Tölz in Oberbayern.

Auch meine aus Schlesien vertriebenen Eltern fand ich dort wieder.

Dem Rat meiner Mutter folgend, gab ich mich nicht den Illusionen hin, zurück nach Schlesien zu kommen, Landwirt zu werden und den väterlichen Betrieb dereinst zu übernehmen, denn alle meine drei Brüder waren gefallen. Deshalb absolvierte ich mein drittes Lehrjahr als Schlosser in Bad Tölz. Nach einer kurzen Gesellenzeit folgte ein Jahr Berufsoberschule in Nürnberg mit zwei Semestern Maschinenbau und dem erfolgreichen Abschluß als Industriemeister. Nun trat ich im November 1949 in die Filiale München der Firma Heinrich Lanz als Monteur in die dortige Werkstatt ein. In den folgenden zwei Jahren habe ich bei Reparaturen die gängigen Vorkriegstypen der Lanz-Bulldogs kennengelernt, so daß ich im Anschluß daran von München aus im bayerischen Raum als Außenmonteur eingesetzt werden konnte. Im Volksmund sozusagen „als Feuerwehr". Anfangs fuhr ich mit der Bahn zu den Kunden mit Werkzeugtasche und Koffer, dann bevorzugte ich das eigene Motorrad und schließlich erhielten wir Montagewagen. 1955 legte ich die Handwerksmeisterprüfung als Maschinenbauer (Maschinenschlosser) in München ab.

Viele amüsante Episoden im Leben eines Lanz-Monteurs auf den Bauernhöfen einschließlich der Übernachtungen (!!!) könnten eine eigene Broschüre füllen.

1957 bis 1959 wurde ich zum Leiter der Vorführkolonne ernannt, was mir sehr viel Freude gemacht hat. Wir waren ein nettes Team, das oft wochenlang mit den Traktoren auf eigener Achse in Bayern unterwegs war.

Im Frühjahr demonstrierten wir die Zug- und Zapfwellenleistung unserer Traktoren mit Bodenkulturgeräten.

In der Heuernte standen die Geräte zur Heuwerbung und Bergung im Vordergrund. Es folgte die Getreideernte mit den Mähdreschereinsätzen der gezogenen Typen MD 195 und MD14Z sowie unserer Selbstfahrer MD 260 S und MD 18 S.

Während der Kartoffelernte wurden viele Vorführungen mit dem VR1VB (Vorratsroder – einreihig – plus Verleseband) gefahren. Dieser Typ ging dann jedoch nie in Serie.

Im Herbst bildeten Pflugeinsätze den Schwerpunkt der Traktorvorführungen.

Aber auch im Winter waren wir auf Achse, wir zeigten an Landwirtschaftsschulen im Rahmen von Vorträgen unsere Traktoren und Schnittmodelle.
Für diese Ergänzung und Bereicherung ihres Unterrichtes waren die Schulen sehr dankbar.
Im November 1959 änderte sich meine Tätigkeit. Ich wechselte in den Vertrieb über, wurde John-Deere-Bezirksleiter, zuständig für den Regierungsbezirk Oberpfalz. Meinen Wohnsitz verlegte ich von München nach Regensburg. Gerade diese Stadt mit ihrer großen geschichtlichen Vergangenheit habe ich sehr in mein Herz geschlossen, und ich bin ihr bis heute treu geblieben. Hier hatte auch unser Firmengründer Heinrich Lanz seine erste Filiale im Deutschen Reich eröffnet. In den letzten Jahren vor meiner Pensionierung im Jahr 1987 war ich noch einige Jahre Bezirksleiter des Bereichs Kreditwesen und zum Abschluß in der Verkaufsförderung des Verkaufs Süd tätig.
Privat gab es in meinem Leben manche Höhen und Tiefen. Meine erste Frau schenkte mir zwei gesunde Kinder und starb. Mit meiner zweiten Frau und zwei weiteren Kindern führte ich ein glückliches Familienleben, doch nach zehn Jahren mußte auch sie sterben.
Da aller guten Dinge drei sind, hatte ich den Mut, noch einmal zu heiraten. Vier Kinder und zwei Enkel reichten uns nicht, so daß wir noch einen kleinen blinden Jungen mit in die Familie aufnahmen. Für liebe Unruhe wird nun ständig gesorgt, unser Haus ist an besonderen Festtagen bis zum „Brechen" voll.
Im Rückblick denke ich gerne an meine Tätigkeit bei Heinrich Lanz und John Deere und fühle mich auch heute noch mit diesem Unternehmen eng verbunden.

Ulrich von Prittwitz

Aus meinem Leben bei Heinrich Lanz

Die Lage in dem vom Krieg so zerstörten Mannheimer Werk wird in der ersten Wiederaufbauphase sehr drastisch in einem Brief des damaligen Generaldirektors Dr. Ludolf Schwenkow an den aus seiner Breslauer Zeit befreundeten prominenten schlesischen Gutsbesitzer Baron von Richthofen ersichtlich.
In einem Absatz heißt es:

Die Entwicklung im Werk nimmt bisher noch den vorgesehenen Fortgang in dem von uns bestimmten Tempo. Ich komme mir dabei aber immer wieder wie ein Steuermann vor, der seine Maschine höchste Touren laufen läßt, obwohl er weiß, daß Eisberge in der Nähe sind. Er wartet auf den Zusammenprall, der sein Schiff bis in die letzten Fugen erschüttern lassen wird. Aber es hat keinen Zweck sich derartigen Gedanken hinzugeben. Man muß heute in der Gegenwart leben und darf nicht an das denken, was kommt.

1949, im November, trat ich bei Heinrich Lanz in München in die Reparaturwerkstatt in der Birker Straße als Monteur ein. Die Zeiten waren noch sehr karg und stark von den Kriegszerstörungen geprägt. Ich fuhr täglich mit der Bahn von Bad Tölz zur Arbeit, denn in München war es unmöglich, als Fremder einen Wohnraum zu erlangen. Nach Krieg, Entbehrungen und teilweisem Leben in Bunkern unter primitivsten Verhältnissen war ein Zimmer für meine Frau und mich in Bad Tölz und ein Stundenlohn von DM 1,10 schon ganz erfreulich.
Der Werkstattleiter in dieser Behelfswerkstatt war Meister Toni Wegmann, ein alter Lanzianer. Er war ein wirklicher Könner, menschlich sehr sympathisch und auch charakterlich ein Vorbild. Unter ihm konnte ich in den nächsten zwei Jahren die gebräuchlichen Bulldog-Typen in Einzelheiten kennenlernen. Das wirklich selbständige Arbeiten lernt man ja sowieso erst im Außendienst, wenn man auf sich selbst gestellt ist.
1950 im Frühherbst wurde ich das erste Mal zu Traktorvorführungen für eine Woche an die Akkerbauschule nach Triesdorf in Mittelfranken beordert. Wir überführten die Traktoren, einen D 5506 mit 16 PS und einen D 7506 mit 25 PS, per Achse über Autobahn und Landstraßen.
Es war die erste Großvorführung nach dem Krieg in Triesdorf, und auch die Firma MAN nahm mit einem Allradschlepper teil. Die Firma Eberhard in Ulm baute uns Pflüge für Vierpunktaufhängung und Bodenkulturgeräte an die vorhandenen Hydrauliken an. Da das Pflügen mit diesen Vier-Punkt-Geräten nicht ganz einfach war und ich noch keine Erfahrungen hatte, übte ich am nächsten Tag im Morgengrauen auf einem Versuchs-

feld unter der Regie unseres Kundendienst-Ingenieurs Herrn Baudrexl.
Ich mußte so sehr an meine ersten Reitstunden bei der Wehrmacht denken, in denen man auch die Einwirkungen auf das Pferd und selbst ein wenig Haltung beigebracht bekam. An einen Nachmittag kann ich mich noch sehr genau erinnern, eine große Zahl von Zuschauern war auf dem Vorführfeld versammelt. Zunächst erklärte Ingenieur Baudrexl über Lautsprecher unseren „Star", den 16-PS-Bulldog. Anschließend erfolgte der praktische Pflugeinsatz. Der 16er wurde von meinem erfahrenen Kollegen Adolf Wagner gefahren. Das Arbeitstempo und auch die Leistung waren überzeugend. Der 16er zog einfach alle Geräte, auch wenn sie für den 25-PS-Bulldog vorgesehen waren. Jeder Bulldog-Freund weiß jedoch, daß die Auspuffgase eine große Aussagekraft über die augenblickliche Belastung und den Gesamtzustand des Motors ergeben.
Plötzlich begann der Motor dick zu qualmen, die Motordrehzahl sank schlagartig ab, und der Traktor stand.
Entsetzen lähmte uns und alle! Das Pleuellager hatte „gefressen". Die damaligen Aluminium-Lagerschalen hatten es in sich. Wir Monteure haben selbst auch bei der Generalüberholung von Motoren auf dem Bauernhof jedes vom Schleifwerk als fertig zur Montage gelieferte Pleuellager von Hand tuschiert und nachgeschabt, besonders an den Stoßflächen nachgearbeitet.
Nun mußte der neue Bulldog vor den Augen der Besucher abgeschleppt werden, begleitet von vielen ironischen Kommentaren.
Abends fanden in der Aula der Schule vor dem gesamten Schulgremium Fachvorträge der vorführenden Firmen statt. In der Diskussion wurden wir noch einmal gehörig bespöttelt, doch unser guter und bewährter Chef Heiner Baudrexl parierte die Schläge und nahm, wie es sich für einen Chef gehört, alle Schuld auf sich. Bei der Einstellung des Ölapparates sei ihm ein Fehler unterlaufen, so hatte er argumentiert, und nun habe das Pleuellager zu wenig Öl erhalten und gefressen. Morgen früh aber wäre der 16er-Bulldog wieder in Ordnung.
Was geschah nun hinter den Kulissen? Das Werk Mannheim verlud auf Anweisung der Direktion noch in der Nacht einen taufrischen D 5506 vom Fließband auf einen Werkslaster und im Morgengrauen, als noch alles schlief, kam der Traktor bei uns in Triesdorf an. Schnell mußten von uns noch einige Sonderausrüstungen ummontiert und der defekte Traktor verladen werden, doch pünktlich zu Beginn der Vorführungen stand der Bulldog einsatzbereit und wir Lanzianer mit erhobenen Häuptern da.

Motorgeräteträger der 0-Serie

1951, schon einige Zeit vor dem in München stattfindenden Zentrallandwirtschaftsfest, war „er" in Fachkreisen das Thema: Der Motorgeräteträger von Heinrich Lanz!
Am dritten September 1951 waren in Mannheim drei Vorführzüge mit insgesamt zehn Geräteträgern gestartet. Ein Nordzug, ein Westzug und der Südzug, dem ich ab München angehören sollte und der uns durch Bayern führen würde.
Die gestellte Aufgabe: In einer dreimonatigen Versuchsfahrt das „Schau voraus System" bekanntzumachen und System und Material zu testen. Auch sollte der MGT beweisen, daß er den totalen Pferdeersatz ermöglichte und alle Geräte von nur einer Arbeitskraft angebaut und auch bedient werden könnten.
Diese aus der 0-Serie stammenden Geräteträger besaßen eine ZF-Getriebehinterachse vom Typ A 9 mit nur einer Hinterradbremse und einer Feststellvorrichtung. Eine unabhängige Handbremse gab es also noch nicht. An dem vorderen Teil des Getriebes war drehbar an einem Punkt der Rohrrahmen gelagert, so daß Bodenunebenheiten mit angebauten Geräten gut ausgeglichen werden konnten. Die Lenksäule stand bei der Nullserie senkrecht. Die zwei Lenkräder waren ebenfalls senkrecht auf einer waagerechten Welle angebracht, wobei das vordere für die Hangsteuerung vorgesehen war. Ein Handkraftheber für die im Rohrrahmen montierten Geräte war rechts an der Lenksäule angebracht. Als Antriebsaggregat diente ein Zweitakt-Benzinmotor mit 450 ccm Hubraum, der mit Doppelkolben ausgerüstet war und von den Triumph-Werken Nürnberg hergestellt wurde, der Gemo 450. Man hatte bei den Motoren der Versuchsmaschinen eine mehrere Millimeter starke Zwischenplatte zwischen Zylinderkopf und Zylinder geschraubt, um die Verdichtung erheblich zu senken. Der Motor wurde mit einem Handhebel angeworfen und lief dann solange auf Benzin, bis er die erforderliche Betriebstemperatur zur Umstellung auf Traktorentreibstoff, sprich Gasöl, erreicht hatte.

Vor dem Abstellen wurde er wieder auf Benzin geschaltet, um für den nächsten Start parat zu sein.
Alles in allem, ein für die Praxis unmögliches Verfahren. Als einmal einer der Konstrukteure den Leiter des Westzuges, Ingenieur B., fragte, was er von diesem Motor hielte, sagte dieser auf berlinerisch: „Dieser Motor is keen Motor, dieser Motor is 'ne Krankheit."

Kolbenwechsel

Kolbenwechsel

Die Leistung war jedoch sehr gut, nur erhitzte sich der Motor so stark, daß bei Nachtfahrten der Auspufftopf zum Glühen kam und in bestimmten Zeitabständen die Kolben des Motors gewechselt werden mußten, da Löcher in den Kolbenboden brannten. Probleme bestanden auch bei längeren Bergabfahrten, wo der Motor kalt wurde und dann die Verbrennung von Traktorentreibstoff verweigerte. Es mußte also vorher auf Benzin umgeschaltet werden.
Nun traf rechtzeitig vor Beginn des Zentrallandwirtschaftsfestes der Motorgeräteträger-Zug in München ein, im September 1951. Diesem Zug war ich bis zum Abschluß in Mannheim am 10. Dezember 1951 zugeteilt. Der Zug stand unter der Leitung unseres Kundendienstleiters, Ingenieur Heiner Baudrexl.
Während des Zentrallandwirtschaftsfestes demonstrierten wir das „Schau voraus System" täglich im Vorführring, fuhren dann anschließend auf eigener Achse durch die Stadt auf das Vorführfeld in Ramersdorf. Hier wurden die Motorgeräteträger mit Pflügen und Kulturgeräten im praktischen Einsatz gezeigt. Der Besucherandrang war enorm.
Nach Abschluß des Zentrallandwirtschaftsfestes in München begann nun die eigentliche Fahrt durch Bayern. Wir waren ein junges, fröhliches Team, mit Elan und Begeisterung bei der Sache.

Bowdenzug ausgehangen?

Die technischen Mängel, die nicht wenige waren, nahmen wir mit Humor und Gelassenheit. Der erste Kolbenfresser erfolgte gleich auf einer länger abfallenden Straße noch vor Wasserburg am Inn. Wie erwähnt, mußte man bei längeren abschüssigen Straßen auf Benzin schalten. Durch den Schub des Fahrzeugs mit Einachshänger tourte dieser kleinvolumige Zweitakt-Motor dann sehr hoch, ohne jedoch die notwendige Schmierung zu erhalten. Eine wirkliche Bremswirkung war auch nicht gegeben. So kam mancher Fahrer oft in die Versuchung, ohne eingelegten Gang bergabwärts zu fahren! Allmählich lernten wir, die Schwachstellen in den Griff zu bekommen.

Bowdenzug ausgehangen?

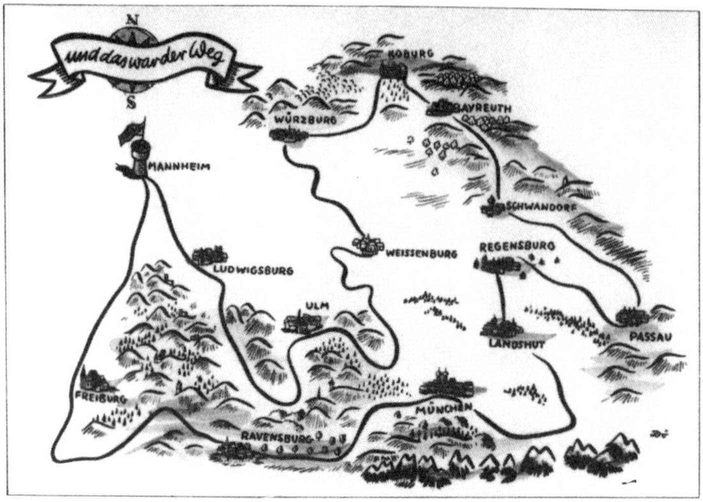

Die Route der Vorführfahrt

Gefordert waren wir durch die festgelegten Vorführtermine, denn sehr oft fanden zwei Vorführungen an einem Tag und dies an verschiedenen Orten statt, wobei die zurückzulegenden Wegstrecken mitunter sehr beachtlich waren.

Während die Tagesspesen einschließlich Übernachtung für einen Monteur damals acht Mark betrugen, hatte man uns für die Deutschlandfahrt zwölf Mark zugebilligt, und damit konnte man ganz gut leben! Dazu kam, daß wir auch öfters von Lanz-Händlern oder Genossenschaften zum Essen und Trinken eingeladen wurden, manchmal auch nur zum „Trinken".

Da die Reiseroute aus der Fahrtskizze oben ersichtlich ist, möchte ich mich nicht mit den einzelnen Vorführorten befassen, sondern zusammenfassen. Es kam uns im wesentlichen bei der Präsentation dieses neuen Systems darauf an, daß fast alle angebauten Geräte im Blickfeld des Fahrers lagen und mühelos beobachtet werden konnten. War etwa zwischen den Achsen ein Hackgerät eingebaut und man fuhr mit dem Vorderrad einen Fehler von 4 cm, so halbierte sich der Fehler an dem Gerät. Ein hinten angebautes Gerät schlug jedoch nach der entgegengesetzten Richtung aus und vergrößerte noch den Fahrfehler. So konnten hinten angebaute Hackgeräte bei herkömmlichen Traktoren niemals ohne Feinsteuerung mit einer zusätzlichen Arbeitskraft gefahren werden.

Beim „Schau voraus System" wurden ja die Geräte nicht mehr gezogen, sondern geschoben. Dadurch wurde jedes Aufsteigen des MGT verhindert, ja es wurde den Triebrädern zusätzliche Bodenhaftung gegeben, so daß das Eigengewicht des Geräteträgers gering sein konnte.

Die Spurverstellung vorn war sehr elegant durch Schwenkarme gelöst, die viele mögliche Spurweiten ergaben. Bei der hinteren Spurverstellung gab es nur den Radumschlag oder ein Versetzen des Felgeninnenstücks zum Felgenaußenstück.

Bald zeigte sich, daß man fast immer mit zwei Spurweiten auskam. So bevorzugte man für Transportfahrten mit beladener Brücke eine Spurbreite von 1,25 m, während für Pflegearbeiten, besonders der Kartoffelkulturen, eine 1,88 m breite Spur gewählt wurde, die sich wiederum aus 3 × 62,5 cm ergab.

Eine Ausnahme bildete das Pflügen mit zwei Wechselpflügen. Tiefgepflügt wurde einfurchig, geschält zweifurchig. Mit dem eingebauten Pflug konnte man an sehr steilen Hängen pflügen, wo sich kein konventioneller Traktor mehr halten konnte. Der MGT fuhr vorn in der Breitspur, also mit dem betreffenden Vorderrad in der alten Furche, die Hinterräder waren auf 1,25 m Spurweite gestellt, so daß das betreffende Hinterrad in der neuen Furche lief.

Diese hohe Hangfestigkeit konnte noch zusätzlich durch die Hangsteuerung unterstützt werden, ein leichtes Verdrehen der Hinterachse gegen den Hang.

Eine weitere Stärke des Geräteträgers in Grünlandbetrieben war sein Anbaumähwerk. Auf unseren Vorführungen zeigten wir in Minutenschnelle den An- und Abbau des kompletten Mähwerkes durch nur eine Person. Durch die vielen Spurverstellmöglichkeiten konnte auch bei Vorführungen in steilsten Hanglagen risikolos gemäht werden.

Während der Deutschland-Fahrt hatten wir überwiegend schönes Herbstwetter, so daß es eine Freude war, durch das schöne Bayern zu fahren. Zunächst von München aus ging die Fahrt über Wasserburg am Inn, die Heimat von Dr. Fritz Huber, dem Schöpfer des Bulldogs, an dem ehr-

würdigen Altötting vorbei, in die Kornkammer Bayerns.
Im Großraum Landshut sind mir noch drei besonders eindrucksvolle Vorführungen in Erinnerung geblieben, Schönbrunn, Kronwinkel und Bayerbach. Es waren immer hohe Besucherzahlen zu verzeichnen. Weiter führte uns der Weg in den Regensburger Raum, wo die Hauptvorführung auf dem fürstlichen Thurn-und-Taxis-Gut – Pürklgut – stattfand.
Auf diesen Feldern erlebten wir noch einmal den schon fast zur Legende gewordenen Dampfpflug im Einsatz. Souverän zog dieser gewaltige Kippflug seine Furchen durch den schweren Boden. Welcher Landtechniker denkt da nicht unwillkürlich an Max Eyth und sein Buch „Hinter Pflug und Schraubstock"?
Nun ging die Fahrt des Vorführzuges weiter nach Falkenstein, wo in den starken Hanglagen die Hangfestigkeit des MGT sehr überzeugend demonstriert werden konnte.
Die so erfolgreichen und schönen Vorführungen sollten jedoch nicht ungetrübt bleiben.
Am Samstag, es war der 20. Oktober 1951, trafen wir abends in Deggendorf ein, wo wir in einem Gasthof zwei unserer Geräteträger samt Hängern stehen ließen. In den dritten Alldog mit Sitzpritschenhänger, verluden wir unser Gepäck und nahmen selbst zu zweit Platz. Am Steuer saß unser Rolf Schmidt. Gemeinsam mit unserem Lautsprecherwagen und dem zuständigen Reisevertreter, heute würde man Bezirksleiter sagen, Georg Much, fuhren wir alle Richtung Regen,

Minutenschneller An- und Abbau des Mähwerks

also ruselaufwärts bis zur Skihütte Rusel, wo unser Quartier war. Einen wunderschönen, harmonischen Kameradschaftsabend ohne Zechgelage sollten wir hier erleben. Am nächsten Morgen nach dem Frühstück, es war Kirchweihsonntag, fuhren wir wieder ruselabwärts Richtung Deggendorf. Unser Fahrer hatte nicht gewollt, daß jemand von uns im Hänger Platz nahm, und wir fuhren deshalb im Auto unseres Reisenden mit. Der Lautsprecherwagen, gesteuert von Herrn Baudrexl, fuhr vor dem Geräteträger her. Plötzlich merkten die Insassen des Pkw, daß der Geräteträger ständig aufholte und der Fahrer nicht mehr saß, sondern auf der Plattform stand. Bei dem Elektrizitätswerk Maxhofen erreichte der

Reges Interesse bei den Vorführungen in Deggendorf

Demonstration der Hangfestigkeit in Viechtach

MGT eine Geschwindigkeit von über 100 km/h. In einer leichten Rechtskurve geriet das Fahrzeug auf die linke Seite, riß einen Telegrafenmasten um und zertrümmerte völlig. Unser lieber Kamerad Rolf Schmidt starb auf dem Weg ins Krankenhaus.

Am nächsten Tag kamen TÜV-Sachverständige, die die Bremsen untersuchten. Ihr Urteil lautete, die Bremstrommeln hätten sich so stark erhitzt und ausgedehnt, daß die Bremsbacken nicht mehr greifen konnten.

Vielleicht hat dieser tragische Unfall dazu beigetragen, daß eine geraume Zeit später die zweite, unabhängige Bremse Vorschrift wurde.

Noch in der Nacht von Montag auf Dienstag brachte das Werk Mannheim einen Ersatzgeräteträger samt Fahrer, und die Vorführtournee konnte fortgesetzt werden. Beginnend in Deggendorf, sind mir die Orte Plattling – Vilshofen – Kloster Tettemoos – Passau und Viechtach nach 42 Jahren noch stark in Erinnerung geblieben.

In den Räumen Plattling und Landshut sollten auch später sehr hohe Alldog-Verkaufszahlen erreicht werden.

Im Anschluß an Viechtach folgten noch einige Vorführungen im Bayerischen Wald, bei denen begreiflicherweise immer eine Demonstration der Hangfestigkeit im Vordergrund stand.

Wie wunderschön ist diese Gegend, besonders im Herbst, wenn das Laub an den Bäumen in allen Farben schillert.

Und weiter ging die Fahrt noch einmal in die Oberpfalz in den Raum Schwandorf, zu dem ältesten Lanz-Händler in diesem Regierungsbezirk, der Firma Birner in Amberg. Gerade diese Vorführung, von Sepp Birner selbst hervorragend vorbereitet, wurde sehr stark besucht und war ein voller Erfolg.

Über Weiden zum Kreislehrgut Bayreuth, dem Schwaighof bei Coburg, über Würzburg und natürlich an die Schule nach Triesdorf.

Im Rückblick auf die bayerischen Landmaschinenschulen und den dort abgehaltenen Vorführungen denke ich voller Dankbarkeit an die Hilfsbereitschaft und die hervorragende Organisation. Eine so umfassende Ausbildung erhält ein Studierender hier an diesen Lehranstalten.

Auf Triesdorf folgte der übrige mittelfränkische Raum mit den alten Reichsstädten, und daran schließt sich der schwäbische Teil an, von Donauwörth – Augsburg – Ulm.

Amüsiert denke ich noch an eine Vorführung, bei der wir die Ladepritsche mit nassem Kies beladen sollten, was wir auch taten. Doch wußte keiner von uns, wie schwer nasser Kies sein konnte. Die Nutzlast war mit 715 kg angegeben. Als wir dann ein Stück mit dem MGT gefahren waren, mußten wir plötzlich feststellen, daß er vorn immer niedriger wurde, die Schwenkarme der

Auf dem Schwaighof bei Coburg: Pflügen am Hang.

Vorderräder verformten sich und gaben nach. Kein Wunder, denn das Fahrzeug war um das Doppelte überladen! Mit einem Schweißapparat mußten wir die Schwenkarme erhitzen und wieder in die alte Stellung bringen.
Während der ganzen Vorführungen von September bis Dezember waren nur unser Herr Baudrexl und ich als Verheiratete an zwei Wochenenden je etwa einen Tag bei unseren Familien gewesen. Die unverheirateten Kollegen fuhren nie nach Hause.
An den freien Sonntagen, denn an den Samstagen waren natürlich auch Vorführungen oder Instandsetzungen angesetzt, haben wir uns gemeinsam die Schönheiten der Gegend angesehen. So sind mir zum Beispiel Rothenburg ob der Tauber als mittelfränkisches Kleinod oder auch Ulm mit seinem hohen Backsteinturm des Münsters, den wir selbstverständlich erstiegen haben, in Erinnerung geblieben. In Ulm faszinierte mich aber besonders die Bundesfestung, die die größte Festungsanlage Europas war und im vorigen Jahrhundert unter der Leitung eines Angehörigen meiner Familie geschaffen wurde. Das unter Denkmalschutz stehende Fort Prittwitz und der Name einer Straße erinnern heute noch an diesen bedeutenden Festungsbaumeister.
Auf dem nun folgenden Weg nach Mannheim gab es noch einige Vorführungen, von denen mir eine größere Veranstaltung in Mittelbiberach an der Riß in Erinnerung geblieben ist. Sie war sehr gut besucht und alles lief nun schon in Perfektion ab. Der Repräsentant unserer Firma war Herr Walter Faul, ein liebenswerter „alter" Herr, eigentlich schon so ein Stück Lanz-Denkmal. Sein Vater war ein Bruder der Julia Lanz geb. Faul, der Frau des Firmengründers. Er konnte so herrlich authentische Berichte aus der Umgebung von Heinrich Lanz zum besten geben.
Am 8. Dezember trafen nun im Laufe des Tages die Vorführzüge auf dem Straßenheimer-Hof bei Mannheim ein. – Da war Leben. Die Geräteträger und Geräte wurden gereinigt und mancher kleine Defekt behoben, und anschließend stand alles in Kreisen herum, zeigte sich gegenseitig Fotos und berichtete voller Enthusiasmus und Humor von den Einsätzen und Erlebnissen in den verschiedenen Gebieten.
Am darauffolgenden Montag erfolgte die gemeinsame Fahrt aller „Schau voraus Züge" durch Mannheim mit feierlichem Einzug ins Werk und anschließender Rundfunkreportage. Im ganzen Werk herrschte ehrliche Begeisterung für die „Heimkehrer", und wir selber waren auch ein wenig stolz darauf, bei Beginn dieses so bedeutungsvollen neuen Abschnittes der Landtechnik mit dabei gewesen zu sein.
Die Geschäftsleitung gab uns zu Ehren in der Gießereikantine ein Essen. Zuerst sprach Prof. Knolle, der Vater des Geräteträgers. Als zweiter

Der Einzug in Mannheim am 8. Dezember.

Redner richtete der kaufmännische Direktor Dr. Wallem Worte des Dankes an die Fahrtteilnehmer. Gleichzeitig eröffnete er ein Preisausschreiben, um dem MGT einen endgültigen Namen zu geben. In humorvoller Weise plädierte er für den Namen „Knollomobil“. Wochen später siegte der Name „Alldog“ – die Dogge, die alles machen kann – als Gegenstück zum Bulldog.

Der Alldog-Spezialmonteur

Die Deutschland-Fahrt lag nun hinter uns, Jahre als Alldog-Spezialmonteur sollten für mich folgen.

Das Wissen über eigens für den Alldog entwikkelte Gerätereihen und ihren Erstanbau bei den Kunden erforderte einen großen Teil meiner Zeit. Dazu gehörten die Kartoffelkulturgeräte, sowie Lege- und Pflanzgeräte und der werkseigene Kartoffel-Vorratsroder-AKV, aber auch mit dem Rübenvollernter im Alldog ABRV hatte ich hauptsächlich im niederbayerischen Raum zu tun.

In den Jahren 1952 und 1953 betreute ich in der Spritzsaison 10 Alldogs der Südzucker AG, die mit Platz- und Holder-Spritzgeräten ausgerüstet waren. Die Kundendienstdurchsichten an den Alldogs und die Schulung des Bedienungspersonals erfolgten an den jeweiligen Einsatzorten in ganz Bayern.

Auch zur Firma Isaria in Dingolfing wurde ich für einige Zeit beordert, um in einem dortigen Team Umbausätze für Sämaschinen, die beim Landwirt vorhanden waren, zu entwickeln. Die Alldog-Besitzer haben oft selbst sehr gute und einfache Lösungen für den Ein- bzw. Anbau vorhandener Geräte geschaffen.

Der Serienlieferumfang des Alldogs beinhaltete noch immer den Benzinmotor, erst zum Winter 53/54 begann die Lieferung des Halbdieselmotors, Typ LT 85, der ebenfalls wie der Bulldogmotor zu den Mitteldruckmotoren zählte. Die Typenbezeichnung ergab sich aus den Firmennamen Lanz-Triumph, die Ziffer 85 nannte den Zylinderbohrungsdurchmesser von 85 Millimetern.

Dies bedeutete aber auch, daß nun die bisher mit Benzinmotor ausgelieferten Alldogs mit Halbdieselmotoren ausgerüstet werden mußten.

So habe ich selbst in den Wintermonaten eine große Anzahl solcher Umbauten bei den Kunden durchgeführt und ständig Reklamationen und Reparaturen in ganz Bayern erledigt.

Ich glaube deshalb mit meinem erworbenen Wissen einige sachliche Aussagen über den Alldog machen zu können.

Zunächst waren während der Deutschlandfahrt Alldog-Bestellungen in einer Größenordnung eingegangen, die alles bisher Erlebte in den Schatten stellte. Alle Bestellungen setzten jedoch die zugesagte Lieferung mit einem Dieselmotor voraus. Als jedoch nach einiger Zeit die Serienlieferung des Alldogs noch immer mit Benzinmotor erfolgte, wurden die gegebenen Aufträge in Massen storniert. Man hatte zwar zugesichert, daß später für einen geringen Festpreis der vorhandene Motor gegen einen Diesel-Motor durch einen Werksmonteur ausgetauscht würde, doch

Ulrich von Prittwitz unterwegs in Deutschland als Spezialmonteur und Vorführer (Alle Bilder dieses Kapitels: Slg. v. Prittwitz)

die meisten Kaufinteressenten verhielten sich zunächst einmal abwartend. Als dann der Alldog mit Halbdiesel geliefert wurde, stellte man fest, daß der Motorenlärm und die Abgasentwicklung fast unerträglich waren, denn der Ölapparat war noch nicht lastabhängig. So erinnere ich mich an einen Alldog-Besitzer in Oberaudorf, dessen Alldog in einem Holzschuppen stand. Als er den Motor im Winter startete und etwas warmlaufen ließ, quoll aus allen Fugen des Schuppens dichter Qualm, so daß die Feuerwehr auf den Plan gerufen wurde.
Auch war das Starten mit dem Benzin-Vergaser und Unterbrecher ein Problem, denn der Unterbrecher war bei der ersten Serie ständig verölt. Während der Bedienung des Anlassers war kaum Strom für den Zündfunken vorhanden. Nahm man den Finger vom Anlasserknopf, drehte der Motor noch etwas weiter, jetzt entstand ein starker Zündfunke, der den nicht verbrannten Kraftstoff im Auspufftopf zur Explosion brachte und sehr oft den Auspuffdeckel durch die Gegend schleuderte. Das ging einmal soweit, daß es beinahe zu einer handgreiflichen Auseinandersetzung kam. Bei einer Vorführung stand ein Landwirt sehr nah hinter dem Alldog. Der Bitte des Vorführers, etwas zurückzutreten, folgte der Bauer nicht, denn er wollte ja den genauen Startvorgang beobachten. Prompt explodierte der Auspuff und der Deckel schlug dem wissensdurstigen Bauern gegen sein Schienbein. Der Bauer seinerseits glaubte nun, daß das mit Absicht des Vorführers geschehen sei und schon war der Streit vom Zaun gebrochen.
Ein anderer Landwirt im Raum Velden an der Vils glaubte die Lösung für einen besseren Start gefunden zu haben. Er baute unter der Garage ein Strahlenabschirmgerät auf!!

Taugt wieder nichts

Auf der Zylinderhaube des Motors standen groß die Buchstaben: TWN für die Firmenbezeichnung Triumph Werke Nürnberg, doch für uns Monteure waren sie eine klare Aussage: Dieser Motor **T**augt **W**ieder **N**ichts".
Die Hauptdefekte des LT-Motors waren:
Kolbenfresser, ausgelöst durch Abnutzung der Kolbenring-Arretierungsstifte. Die Folgen waren ein Drehen der Kolbenringe bis zur Selbstzerstörung an den Schlitzen der Ein- und Überströmkanäle und Lagerschäden der Kurbelwelle.
Ab dem Alldog-Typ A 1305: Einspritzdüse sehr empfindlich gegen Verspannung. Zum Ausgleich diente ein Wärmeschutzplättchen, das meist bei Kundendiensten übersehen wurde.
Zusammenfassend sei gesagt, daß wir Monteure nie verstanden haben, warum man nicht einen Diesel-Motor des Wettbewerbs auf den Alldog aufbaute.
In den 50er Jahren unseres Jahrhunderts brauchte doch der Diesel-Motor nicht neu erfunden zu werden, das war doch schon durch den genialen Rudolf Diesel in den Jahren 1893 bis 97 geschehen.
Der Motor war sekundär, und ein Fremdfabrikat hätte uns auch keinen Abbruch getan.
Entscheidend aber war das neue „Schau voraus System", der Geräteträger mit der Möglichkeit, Arbeitsgänge zu kombinieren.
Dieses System war bahnbrechend und genial und zeigte neue Wege auf, auch in Deutschland eine rationale Vollmechanisierung durchführen zu können. Im geschichtlichen Rückblick gesehen, kann man diese große Pionierleistung der Firma Heinrich Lanz nicht nehmen.
Ab 1956 wurde aus dem bisherigen Alldog Typ A 1215 der Typ A 1305, aus dem Mitteldruckdiesel wurde der Hochdruckdiesel.
Als letzter Alldogtyp wurde der A 1806 mit MWM-Motor herausgebracht, der zuverlässig und gut lief. Doch er kam zu spät, Lanz war nicht mehr in eigenen Händen!
Vielleicht kann man von unserer heutigen Betrachtungsweise her gesehen, den Gorbatschow-Spruch anwenden: **„Wer zu spät kommt, den bestraft das Leben".**

Der Schneider-Geräteträger

Eine Dokumentation von Hans Kienle

Im Schneider-Geräteträger darf man die direkte Weiterentwicklung des Alldog-Geräteträgers, sozusagen den Enkel, sehen. Er wird noch heute in dem schwäbischen Landmaschinenbetrieb Hermann Schneider in Tamm, Kreis Ludwigsburg, gebaut. Die Firma Schneider ist ein kleiner, individueller Betrieb mit durchschnittlich zehn Mitarbeitern, von denen etwa die Hälfte in der Produktion und der Rest in der Reparatur eingesetzt wird.

Der Schneider-Geräteträger wurde ursprünglich als reiner Gärtnerei-Geräteträger gefertigt. Hier wurde dem Wunsch eines Gärtnermeisters entsprochen, ein Gerät zu entwickeln, mit dem die Beetkulturen in einem Arbeitsgang bearbeitet werden konnten. Das heißt, die Spur auf Beetbreite bringen und eine kurze, stabile Rahmenbauweise mit kleinstem Wendekreis, da ein solcher in den Gärtnereien dringend erforderlich war. Die zu dieser Zeit von der Schlepperindustrie angebotenen Geräteträger erschienen für den Gärtnereibetrieb weniger geeignet. Der rührige und tüftelige Firmenchef Hermann Schneider, bei den Gärtnern auch liebevoll „Fräsendoktor" genannt, übernahm sodann diese Aufgabe, und so entstand unter der Leitung des Landmaschinen-Mechanikermeisters Alfred Hiller aus Tamm bereits im Jahre 1960 der erste Schneider-Geräteträger. Dieser wurde am 5. Mai 1960 anläßlich des Hohenheimer Gartenbautages der Öffentlichkeit vorgestellt.

Seit dieser Zeit konnten weit über tausend Maschinen von durchschnittlich nur fünf Mitarbeitern hergestellt und ausgeliefert werden. Und daß Qualität bei den Mitarbeitern an erster Stelle steht – wie auch die Verbundenheit der Geschäftsleitung zur Kundschaft – zeigt die Tatsache, daß von den Geräteträgern noch fast alle im Einsatz sind. Nur von ganzen zwei Stück hatte man bisher Kenntnis erhalten, daß diese verschrottet wurden. Heute findet man die Schneider-Geräteträger außer in Deutschland noch in der Schweiz, in Österreich, England und allen benachbarten Ländern.

Die ersten Geräteträger erhielten den Namen „Gärtnerfreund", der aber zwischenzeitlich wieder verschwand.

1960 entstand der Schneider-Geräteträger. Ansicht vorne rechts.

Der Schneider-Geräteträger von der anderen Seite.

Der Schneider-Geräteträger entstand nach dem Vorbild des Eicher-Geräteträgers, da die Firma Schneider damals auch Eicher-Produkte in ihrem Verkaufsprogramm hatte. Der Eicher-Geräteträger wiederum war dem Lanz-Alldog nachgebaut, denn Eicher zahlte dafür Lizenzgebühren an Lanz. Deshalb besaß der Schneider-Geräteträger, ähnlich wie der Alldog, ebenfalls einen stabilen Rohrholmrahmen, der allerdings, wie oben erwähnt, für den Gartenbau modifiziert war. Dem Konstrukteur und Erbauer jedoch war zu diesem Zeitpunkt nichts über den Lanz-Alldog bekannt, und der Alldog wurde damals bereits nicht mehr gebaut.

Als Prototypen entstanden so die ersten Geräteträger, die ähnlich den Alldogs mit stabilen, allerdings wesentlich kürzeren Rohrholmrahmen und mit einem seitlich aufgebauten 12 PS starken Zweitakt-Ilo-Motor vom Typ DC 660 ausgerüstet waren. Diese Ilo-Motoren zeigten aber bald starke Ähnlichkeiten mit den TWN-Motoren, sie waren zu reparaturanfällig und wurden deshalb nur kurze Zeit eingebaut.

Die Entwicklung ging in den folgenden Jahren von der 12-PS-Maschine über die 20-PS-, 21-PS-, 25-PS-, 27-PS- und 40-PS-, bis hin zur 50-PS-Maschine.

Besondere Merkmale zeichneten die Schneider-Geräteträger aus: kurze, kompakte Rahmenbauweise, ein Radstand von nur 1530 mm, dadurch ein kleinster Wendekreis bei den 12/20-PS-Motoren von nur 2,6 Meter. Ein leistungsstarker, robuster und langlebiger Dieselmotor mit seitlichem Aufbau, was wiederum eine beste Übersicht auf alle Zwischenachsgeräte und auf die Vorderräder ermöglichte. Dazu ein sehr sinnvoll abgestuftes Getriebe, natürlich mit Kriechgang und zwischenzeitlich auf Wunsch auch mit einem Schnellgang, der eine Fahrgeschwindigkeit bis 40 km/h gestattet.

Des weiteren besitzen die Geräteträger eine motor- und wegabhängige Heck- und Frontzapfwelle, eine Differentialsperre, Außenportalachsen und Einzelradbremsen, sowie jeweils einen hydraulischen Kraftheber im Heck-, Zwischenachs- und Frontbereich, wobei der Heckkraftheber jetzt serienmäßig mit einer Regelhydraulik ausgestattet ist. Die Spurweite ist von 1270 mm auf 1780 mm verstellbar, an der Vorderachse durch Ausziehen der seitlichen Achskörper und der Spurstangen und an der Hinterachse durch Umschrauben der teilbaren Felgen.

Alle Geräteträger sind gemäß der StVZO zugelassen und können somit am öffentlichen Straßenverkehr teilnehmen.

Die Geräteträger sind, wie der Name schon sagt, als Universalmaschinen gebaut und bieten vielfache Möglichkeiten, Geräte im Zwischenachsbe-

Die Anbaufräse

reich, im Aufsattel- oder Heckanbau und auch im Frontanbau aufzunehmen, aber auch als Zugmaschinen sind sie zuverlässige Helfer.

Und noch einige Geräte, die speziell für den Schneider-Geräteträger gebaut oder wie zum Beispiel die Schädlingsspritze als Zukaufgeräte angeboten werden:

Die Anbaufräse. Eine Eigenkonstruktion, da ursprünglich mit nur 12 PS Motorleistung ein extra feines Saatbeet auf 1500 mm Fräsbreite erzielt werden mußte und deshalb eine robuste und doch vom Eigengewicht her leichte und besonders leichtgängige Konstruktion mit spezieller Messeranordnung notwendig war.

Die Anbauwalze, ebenfalls ein Eigenbau-Gerät.

Das Abflammgerät, wiederum im Eigenbau hergestellt. Ein Beweis dafür, daß die Firma Schneider schon 1960 richtungsweisend und vorausblickend bei der Unkrautbekämpfung voll im Trend lag. Alternativ dazu für etwas weniger umweltbewußte Gärtner, ein **Spritzgerät** mit aufgebauter Dreikolbenpumpe.

Der Anbau-Düngestreuer, der als Frontgerät speziell mit einer Reihenstreueinrichtung oder als Breitstreuer angebracht werden kann, ist wiederum eine Eigenkonstruktion. Damit kann der Dünger in einem Arbeitsgang gestreut und eingehackt oder eingefräst werden.

Das Hackgerät, ein Eigenbaugerät mit Gänsefuß- oder Winkelmessern, dazwischen Schutzrollen, um ein Zudecken der Pflanzen zu verhindern.

Die Reihenhackfräse, ein mehrreihiges Eigenbaugerät für den Zwischenachs- oder Heckanbau. Dort, wo vorher in mühevoller Handarbeit entweder mit der Hacke oder einer Einrad-Zugfräse jede Reihe einzeln gefräst werden mußte, können mit dem Schneider-Geräteträger mit angebauter Reihenhackfräse mehrere Reihen in einem Arbeitsgang bearbeitet werden.

Das Erntegerät, ein im Eigenbau hergestelltes Gerät, das inzwischen auch mit Schüttelrost lieferbar ist, um die noch am Erntegut klebende Erde abzuschütteln.

Der Frontlader, ein im Eigenbau hergestellter praktischer Helfer für alle anfallenden Arbeiten, wie Kompost umsetzen, Mist laden und vieles mehr. Nicht vergessen sollte man die unentbehrliche **Ladebrücke**, die mittels Hydraulik abgekippt werden kann und auch im Eigenbau hergestellt wird.

Das Abflammgerät

Der Frontlader

Natürlich können auch alle handelsüblichen Geräte, die für die Landwirtschaft im weitesten Sinn auf dem Markt sind, angebaut werden, wie z.B. Eggen, Pflüge, Sämaschinen, Pflanzmaschinen, Häufelgeräte, Stapler im Heck- oder Frontanbau und vieles mehr.

So wie 1960 im Gartenbau, kam im Jahre 1968 der Wunsch aus dem Baumschulenbereich, einen wirtschaftlichen „Stelzenschlepper" zu bauen. Da man bei der Firma Schneider schon sehr früh gelernt hat, auf Wünsche der Kunden einzugehen und diese auch stets mit Erfolg erfüllen konnte, begab sich Meister Alfred Hiller mit den Mitarbeitern aus der Produktion an die Arbeit. Sie stellten einen 25-PS-Geräteträger in seiner ursprünglichen Konstruktion an der Vorderachse auf erhöhte Achsschenkelrohre und nahmen an der Hinterachse die Radnaben ab, setzten Kettenkästen aus Schweißkonstruktion mit stabilen Antriebsketten auf, bauten an der Unterseite die vorhandene Radnabe wieder ein und montierten noch einige Aufstiegstritte. Somit war der erste Schneider-Hochgeräteträger mit einem lichten Durchgang von 1000 mm fertig. Heute fertigt Schneider Hochgeräteträger bis 2000 mm Durchgang.

In der Tabelle auf der nächsten Seite sind alle bis Dezember 1992 gebauten Geräteträger – nach Typen getrennt – aufgeführt.

Wir sehen anhand der Typenauflistung, daß es sich bei den Motoren und Getrieben vielfach um bewährte Bauelemente handelt, die im gesamten Schlepperbau immer wieder zu finden sind. So zum Beispiel die in der ersten Zeit eingebauten Getrag-Getriebe, die sowohl die Firmen Bautz als auch Porsche zeitweilig verwendet haben.

So lebt also der Lanz-Alldog in einer etwas abgewandelten Form als der „Schneider-Geräteträger" weiter. Eine Handvoll Mitarbeiter konnte bis Jahresende 1992 die respektvolle Zahl von 1127 Geräteträgern und das gesamte Anbauprogramm anfertigen und ausliefern.

Zum Schluß darf noch erwähnt werden, daß die Firma Schneider außer den erwähnten Geräte-

Der Hochgeräteträger (Alle Fotos dieses Kapitels: Fa. Schneider)

trägern und Hochgeräteträgern auch Schmalspurschlepper, selbstfahrende Salat-Erntemaschinen mit einer Arbeitsbreite von 5000 mm und weitere Gärtnereimaschinen fertigt.

Der Autor:
Hans Kienle ist gelernter Landmaschinen-Mechanikermeister. Seine Lehrjahre verbrachte er bei der Firma Schneider. Während dieser Zeit und noch viele Jahre danach wirkte er am Bau und der Reparatur der Schneider-Geräteträger mit. Deshalb zeigt er noch heute großes Interesse an den Produkten dieser Firma und unterhält beste Beziehungen zur Firmenleitung. Mit großer Freude hat er diese Zeilen zusammengetragen, um den doch mehr in der Fachwelt bekannten Geräteträger einmal der breiten Öffentlichkeit vorzustellen. Allerdings stellt dieser Bericht nur einen kleinen Abriß über Entwicklung und Bau dar und erhebt keinen Anspruch auf Vollständigkeit. Sein besonderer Dank gilt der Familie Schneider und Herrn Alfred Hiller für die engagierte Unterstützung und Überlassung der Unterlagen.

Hans Kienle

Typ	Baujahr	Motor	Getriebe	Stück
GT 12	1960–1961	Ilo DL 660	Getrag	27
GT 20	1962–1966	MWM AKD 107	Getrag	109
GT 20 D	1965–1966	Deutz F2L 310	Getrag	75
GT 21 D	1966–1967	Deutz F2L 310	ZF A 205	72
GT 25 D	1967–1970	Deutz F2L 410	ZF A 205	142
GT 27 D	1970–1971	Deutz F2L 410	Hurth 932/170	61
GT 27	1971–1990	MWM D 302.2	Hurth 932/170	278
GT 27 S	1980–1990	Hatz 2 L 30 C	Hurth 932/170	64
GT 27	1990–1992	MWM D 302.2	Hurth 501	12
GT 27 S	1991–1992	Hatz 2 L 31 C	Hurth 932/170	8
GT 40	1971	Lombardini LDA673	Steyer	1
GT 40	1972–1983	Lombardini LDA673	Hurth 932/128	203
GT 40	1983–1991	MWM D 302.3	Hurth 932/128	52
GT 40 S	1991	Hatz 3 L 31 C	Hurth 932/128	8
GT 40	1992	MWM 302.3	Goldoni Compact	4
GT 40 S	1992	Hatz 3 L 31 C	Goldoni Compact	4
GT 50	1987–1991	MWM D 226	Hurth 932/128	6
GT 50	1992	MWM D 226	Goldoni Compact	1

S = Silent (schallgedämpfter Hatz-Dieselmotor)

Konkurrenten, Sonderkonstruktionen und Prototypen

Eine Dokumentation von Michael Karle

Das Bessere ist des Guten Feind!
Die Konkurrenz schläft nicht!
Lerne aus den Fehlern anderer!

Diese Schlagworte fallen einem ein, wenn man den Geräteträgermarkt Mitte der fünfziger Jahre betrachtet. Viele Traktoren- und Landmaschinen-Hersteller erkannten die Tragweite der neuen Idee des Lanz-Systems und ließen sich durch die anfänglichen Erfolge des LANZ-Alldog ermutigen, selbst in die Geräteträger-Herstellung einzusteigen. Ihre Nachbauten statteten sie mit eigenen Ideen und Änderungen aus, denn sie wollten noch besser sein als ihr Vorbild, und sie wollten teilhaben am Erfolg des Großen!

Ein hervorragender Gedanke und Ansatzpunkt war dabei, dem kleinen Bauern beim Wegkommen von der tierischen Arbeitskraft zu helfen und die Motorisierung einzuleiten. Dieser Gedanke lag auch allen Ideen und Versuchen zugrunde. Mit einer Maschine, von nur einem Menschen bedient, die nicht nur die Arbeit der Zugtiere übernahm, sondern auch die Futteranbauflächen dieser Tiere für die menschliche Ernährung und Bedürfnisse freimachte, diese Maschine mußte ein Verkaufserfolg werden.

Ein großes Problem stellte dazu die damalige Landflucht dar, viele Arbeitskräfte wanderten in den aufblühenden Industriebereich ab, und die der Landwirtschaft verbliebenen wenigen Kräfte wurden teurer. Auch unter diesem Gesichtspunkt konnten einem mehrere Arbeitsgänge gleichzeitig erledigenden Geräteträger nur beste Zukunftsaussichten bescheinigt werden.

Inwieweit nun all diese Gedanken und Ideen realisiert und verwirklicht werden konnten und wie sie schließlich in der bäuerlichen Praxis ankamen, soll hier rückblickend dargestellt werden, ohne daß diese Dokumentation einen Anspruch auf Vollständigkeit erhebt.

Beginnen wir also unseren Rückblick 1953, zwei Jahre nach dem Erscheinen des Lanz-Alldog, als gleich zwei bekannte Schlepperhersteller mit neuen Geräteträgerkonstruktionen aufwarteten: Die im Bayerischen ansässigen Firmen Eicher und Fendt.

Michael Karle

Gebr. Eicher Traktorenfabrik Forsten Obb.*

Die Anfänge des Schlepperbaus reichen bei dem bayerischen Familienunternehmen Eicher bis in das Jahr 1936 zurück, doch besondere Beachtung wurde dem Werk 1948 zuteil, als es mit dem ersten in Serie hergestellten, luftgekühlten Dieselschlepper der Welt aufwartete. Damit wurden dem Werk erhebliche Umsatzsteigerungen zuteil, und es ließ sich eine stabile Kapitaldecke erwirtschaften. Dies ermutigte die Unternehmensleitung, in den Geräteträgerbau einzusteigen. Als Vorbild diente dabei unverkennbar der Lanz-Alldog, doch bei Eicher erkannte man schon im Vorfeld die schwache Stelle dieser Maschine, und man war gewillt, hier Nägel mit Köpfen zu machen. So wurde der erste Eicher-Geräteträger „Kombi" schon von Anfang an mit einem sparsamen und leistungsstarken 19-PS-Einzylinder-

* Firmierung 1953

Der erste Eicher-Geräteträger „Kombi".

Dieselmotor aus eigener Produktion ausgerüstet. Bei der Wahl des Getriebes griff man auf ein für damalige Zeit typisches und bewährtes Schleppergetriebe der Firma ZF zurück, das über fünf Vorwärts- und einen Rückwärtsgang verfügte.
Bei Eicher entschied man sich ebenso wie bei Lanz für die zweiholmige Ausführung des Geräterahmens mit angesetzten Lochschienen und verhandelte mit Lanz über ein Lizenzabkommen. Gleichzeitig bot Eicher auch eine Vielzahl von Anbaugeräten an, denn die Firma hatte erkannt, daß neben einem leistungsfähigen Motor nur eine lückenlose Gerätereihe zum Erfolg dieses Konzepts beitragen würde. Dazu zählte schon von Anfang an neben der schnell abnehmbaren Ladepritsche ein Düngerstreuer, eine Feldspritzeinrichtung, Sämaschine und ein auf einem Rahmen montierter Mistgreifer. Und man konnte auf einen Großteil des Alldog-Geräteangebots zurückgreifen, denn das Lochschienen-Stecksystem beider Maschinen war infolge der Lizenzvereinbarungen identisch, nur der Antrieb über die Wegzapfwellen mußte von rechts nach links abgeändert werden. Ergänzend dazu hatte man schon im ersten Werbeprospekt darauf hingewiesen, daß auch vorhandene, für tierischen Einsatz konzipierte Geräte bei geringer Abänderung weitere Verwendung finden konnten. Auch ein hydraulischer Kraftheber und Möglichkeiten für Rad- und Spurverstellungen ermöglichten eine Vielfalt an Einsatzmöglichkeiten, und wie beim Alldog war auch beim Kombi eine Hangsteuerung lieferbar, die genaues Spurhalten bei Arbeiten am Hang ermöglichte. Die Hangsteuerung wurde aber nur auf Wunsch geliefert.
Eicher baute den seit 1953 angebotenen Geräteträger zunächst weiter, und der Erfolg bestätigte den Gang in die richtige Richtung, womit sich die Firma zu einer Programmerweiterung veranlaßt sah. So konnte schon 1956, dem Jahr mit der größten Geräteträger-Typenvielfalt auf Deutschlands Schleppermarkt, ein weiterer Geräteträger angeboten werden. Er entpuppte sich mit einem 13 PS starken Dieselmotor als der kleine Bruder, den man Muli nannte. Damit wollte Eicher entgegen seiner anfänglichen Einsicht zum einen dem damaligen Trend des PS-schwachen Bauern-Schleppers folgen, dessen Wirtschaftlichkeit bei 12 bis 15 PS Leistung gesehen wurde, und zum andern wollte man in die 13/12-PS-Klasse von Lanz und Fendt eindringen. Gleichzeitig bot man den Kombi-Geräteträger wahlweise auch mit einem 22-PS-Motor an, so daß die Angebotspalette ab 1956 13, 19 und 22 PS umfaßte.
In den vergangenen drei Jahren hatte man natürlich auch die Gerätereihe erweitert und verbessert, so daß der interessierte Landwirt aus einer Vielzahl von Pflügen, Eggen, Grubber, Drillmaschinen und vielem mehr das passende Gerät für seinen Betrieb auswählen konnte. Wertvolle Hilfe leistete dabei der von Eicher als Broschüre angebotene Geräteberater, der ähnlich dem Lanz-Geräteberater aufgebaut war.
Der weitere Fortgang der Entwicklung brachte dem kleinen „Muli" 1958 das Aus, die 19- und 22-PS-Maschinen wurden weitergebaut. Mit dem Erscheinen der „Raubtierreihe", dem neuen Eicher-Schlepperprogramm, wurde 1959 auch eine neue Geräteträgerreihe angeboten, deren Motorleistungen nun 16, 20 und 28 PS umfaßte. Der 16 PS starke Geräteträger war wiederum neu

Der „Muli", der kleinere Bruder des „Kombi".

hinzugekommen. Es gab außerdem eine überarbeitete Gerätereihe mit vielen Neuerungen, wie zum Beispiel die kippbare Ladebrücke oder halb- und vollautomatische Kartoffellegemaschinen. Dabei legte man bei Eicher großen Wert darauf, daß alle von Fremdfirmen zugekauften Gerätschaften direkt vom Werkslager geliefert werden konnten und daß somit ein einwandfreies Zusammenpassen von Gerät und Geräteträger garantiert war.
In den frühen sechziger Jahren, genau im Jahr 1961, wurde die Produktion des kleinen Geräteträgers mit 16 PS wieder eingestellt und die Leistung der 28-PS-Maschine auf 30 PS erhöht. Im Jahr 1963 wurde abermals eine Typenänderung vorgenommen. Aus dem bisherigen 20 PS starken Geräteträger wurde der Typ G 220 mit 22 PS, und der 30-PS-Geräteträger erhielt fortan die Typenbezeichnung G 280. Doch der allgemeine Trend hin zu größeren und leistungsstärkeren Maschinen hielt unvermindert an und führte 1966 zu einer weiteren Typenangleichung. Ab jetzt waren die Typen G 25, G 30 und G 40 mit 25, 30 und 40 PS im Angebot der Firma. Neben diesen Geräteträgern und den Standardschleppern führte Eicher noch den Kleinlaster „Farm Express“, mehrere Stalldungstreuer, Ladewagen und Pflüge im Programm. Ab 1967 firmierte Eicher in den Prospekten mit dem Zusatznamen „Unisuper“, doch das Angebot der Geräteträger war gleichgeblieben. Es begann sich mehr und mehr abzuzeichnen, daß dieser Produktionszweig zu stagnieren begann. Fendt war es bis dahin gelungen, 90% des Geräteträgermarktes für sich zu gewinnen, während sich die bis dahin noch verbliebenen Geräteträgerhersteller Eicher, Deutz und Wesseler die restlichen 10% teilen mußten. In einem Sammelprospekt aus dem Jahr 1970 waren dann keine Geräteträger mehr zu finden, die Firma hatte die Konsequenzen gezogen und sich von diesem nunmehr unrentablen Produktionszweig getrennt, dessen Erfolge in den letzten Jahren immer mehr den Erwartungen hinterherhinkte.

X. Fendt & Co. Marktoberndorf/Bayern*

Das ebenfalls im Bayerischen beheimatete Familienunternehmen Fendt gründete auf eine jahrhundertealte, bis ins Mittelalter zurückreichende, handwerkliche Tradition, deren Bandbreite vom Kunstschmiedehandwerk über Konstruktion und Bau von Turmuhren bis hin zur Bleizugfabrikation reichte und dem Unternehmen schon frühzeitig internationale Geschäftsverbindungen einbrachte. Der Schlepperbau fand seine Anfänge in den ausgehenden zwanziger Jahren, doch zur Bekanntheit führte 1930 das Fendt-Dieselroß, der erste gerätetragende Diesel-Kleinschlepper mit nur 7 PS Leistung, sowie Seitenmähwerk und Anbaupflug.
Im Jahre 1953 präsentierte Fendt den ersten Geräteträger als das „Einmannsystem“ auf der DLG-Ausstellung in Köln der Öffentlichkeit.
Er war ausgerüstet mit einem luftgekühlten Einzylinder-Dieselmotor mit 12 PS Leistung, der sich neben einem wassergekühlten Motor mit gleicher

* Firmierung 1953

Der erste Fendt-Geräteträger mit Kartoffelkulturgerät und Spurlockerer.

Fendt GT 19 beim Kartoffellegen.

Leistung bereits im 12er-Dieselroß-Schlepper bewährt hatte.
Doch nicht nur der Motor, auch die Hinterachse und der Aufbau des Fahrerstandes, die Anordnung des Motors und die Verwendung der Motorhaube erinnerten stark an das 12-PS-Dieselroß. Im Gegensatz zum Alldog wählte man beim Fendt-Geräteträger einen Zentralholm mit Zentraldrehgelenk, der die Verbindung vom Motorblock zur Vorderachse schaffte und damit die Basis für den Zwischenachsen-Anbauraum bildete. Hier konnten die Geräte des „Einmannsystems" in weniger als fünf Minuten vorn, zwischen den Achsen oder am Heck von nur einem Mann werkzeuglos an- oder abgebaut werden. Die freie Sicht nach vorn auf die Anbaugeräte und eine hydraulisch kippbare Lagepritsche waren weitere Produktionsvorteile des Geräteträgers. Ein solides und geradliniges Konzept, mit dem die Firma Fendt dann 1955 in der Schleppervergleichswertprüfung die Anerkennung der DLG und somit die höchste Auszeichnung entgegennehmen konnte. Doch schnell erkannte man bei Fendt, daß das ganze Geräteträgersystem mit der Leistung des Motors stehen oder fallen konnte. Kurze Zeit später stand dann dem Landwirt eine 19-PS-Ausführung zur Verfügung, die mit den jeweils benötigten Ausrüstungen als Erstschlepper oder als Zweitschlepper den Transport, die Bestell-, Pflege- und Hackarbeiten übernehmen konnte. Fendt hatte es verstanden, sein Produkt werbestrategisch richtig anzubringen und Bedürfnisse im Mehrschlepperbetrieb zu wecken und damit in einen neuen Käuferkreis einzudringen.
Hier zahlte sich das Konzept dieser Firma aus, nicht auf die Schnelle viele Fahrzeuge zu verkaufen, sondern dem Kunden ein ausgereiftes und solides Produkt zu bieten. Damit gewann man einen festen Kundenstamm, der dazu ermutigte, im Mai 1957 mit dem Großserienanlauf zu beginnen, zu einer Zeit, als sich mit dem Fall des Alldog bei vielen Bauern Ärger breitmachte und ein Großteil der einst begeisterten Befürworter sich wieder dem herkömmlichen Schlepper zuwandte. Als Anerkennung der Pionierleistung im Geräteträgerbau erhielten die Fendt-Werke für den F 220 GT, 19 PS Leistung, im Jahre 1959 die Silberne Preismünze der DLG.
Fendt legte auch großen Wert auf den Ausbau eines tragfähigen Vertriebsnetzes und konnte schließlich bei den Handelsketten BAYWA, WLZ

Fendt GTW mit 35 PS, wie er heute in Weimar produziert wird.

Fendt 395 GKA, ein moderner Allrad-Freisichtgeräteträger mit 115 PS. Hier zu sehen eine Wegebaukombination mit Frontlader, Zwischenachsplanierschild und Plattenverdichter.

und den Raiffeisen-Genossenschaften als die Nummer eins eindringen. Damit konnte Fendt die Weichen anfangs der sechziger Jahre vollends für sich stellen. Außer Eicher, Deutz und Wesseler als den einzigen noch verbleibenden Mitstreitern waren zwischenzeitlich alle Geräteträger-Hersteller auf der Strecke geblieben. Das Allgäuer Unternehmen stellte sich Ende der fünfziger, Anfang der sechziger Jahre, auf die stetig steigenden Leistungsanforderungen in der Landwirtschaft ein und erhöhte die Motorleistung auf 25 und später auf 30 PS. Gleichzeitig erfolgte der Ausbau des Geräteträgers zur selbstfahrenden Erntemaschine.

Fendt erhielt 1962 für den Rübenvollernter im „Einmannsystem" die höchste DLG-Auszeichnung.

Ebenfalls in diesem Zusammenhang erschloß sich Fendt im Kommunalbereich mit dem „Motorisierten Straßenwärter" einen neuen Absatzmarkt.

Doch die Entwicklung ging weiter. Bis 1970 hatte man bei Fendt dann die Leistung des Geräteträgers auf 45 PS erhöht. Bemerkenswert beim F 250 GT war, daß hier der Motor unter den Fahrerstand verlagert wurde. Der liegend eingebaute, luftgekühlte Dreizylindermotor ermöglichte dadurch eine Fahrerkabine mit ebener Plattform.

Nach einigen Jahren, 1978, stellte Fendt die Geräteträger-Reihe F 255 GT und F 275 GT mit 55 und 70 PS vor. Gleichzeitig wurden die Kompaktgeräteträger – der Zentralholm war um 60 cm gekürzt – mit 55 und 70 PS ins Programm aufgenommen. Sie eigneten sich insbesondere für den Einsatz in Futterbaubetrieben, und dadurch verlor der Zwischenachsenanbau und das Seitenmähwerk an Bedeutung.

Die Ladepritsche blieb jedoch auch für den Futterbau-Geräteträger ein wichtiges Zusatzgerät.

Ende 1984 brachte Fendt die neuentwickelten Geräteträger 345 GT, 360 GT und 380 GT, 45, 60 und 80 PS stark, mit voll integrierter Kabine und modernen Getrieben auf den Markt. Eine systematische Weiterentwicklung in Marktoberndorf brachte schließlich im September 1985 dann den 380 GTA, den 80-PS-Geräteträger, als Allradmaschine. Im Jahr 1986 war der 380 GTA mit über 1000 Stück der meistverkaufte Fendt-Schlepper.

Zur Agritechnika-Ausstellung 1987 in Frankfurt stellte Fendt den 390 GTA mit einem luftgekühlten Sechszylindermotor und 100 PS Leistung als Prototyp unter dem Namen „Freisichttraktor" der Öffentlichkeit vor. Ab diesem Zeitpunkt werden die Allrad-Versionen unter der obengenannten Bezeichnung im Programm angeboten.

Den weiteren Erfolg des „Traktors ohne Motorhaube" verdeutlichen die Verkaufszahlen: 61749 Geräteträger konnte Fendt bis 1990 verkaufen.

Als Geräteträger bietet Fendt außer dem Typ 231 GT mit 35 PS, der ab 1991 in Zusammenarbeit mit der Weimar-Werke GmbH überarbeitet und seitdem unter der Typenbezeichnung F 231 GTW in Kurz- und Langholmversion in Weimar produziert wird, noch den 345 GT, 360 GT und 380 GT mit Hinterradantrieb an.

Bis heute konnte das Familienunternehmen mit immer wieder neuen und verbesserten Maschinen und stärkeren Motoren, mit Allradausführungen, Komfortkabinen, modernen Hydrauliksystemen und Vollsynchron-Getrieben modernste Traktorentechnik erreichen und seinen Kundenstamm über den landwirtschaftlichen Bereich hinaus auch im kommunalen Bereich immer weiter ausbauen.

Die Ruhrstahl-Landmaschine

Ruhrstahl AG Annener Gußstahlwerk Witten-Annen*

Kein Geräteträger, sondern eine Landmaschine war es, die gleichermaßen wie der Alldog die Fachwelt 1951 auf der DLG-Ausstellung in Hamburg überraschte. Eine recht eigenwillige Konstruktion mit zwei stark gebogenen und dem Fahrzeug einen hohen Anbauraum verschaffenden Holmen vor sich und den 20 PS starken Henschel-Dieselmotor wärmend im Rücken, saß der Fahrer dazwischen und konnte sich einen Überblick auf die unter den Holmen oder vor der Vorderachse montierten Arbeitsgeräte verschaffen. Schmale, hohe Antriebsräder sorgten für eine gute Kraftübertragung selbst im schwierigsten Gelände, was noch auf dem Ausstellungsgelände hautnah miterlebt werden konnte. Über Nacht hatte ein starker Gewitterregen eingesetzt und das Vorführfeld tagelang in ein Schlammbad verwandelt, eine Herausforderung für alle Aussteller, die ihr Gerät unter Beweis stellen wollten. Doch, so schildert uns Fritz Simbringer in „Miterlebte Landtechnik" in eindrucksvoller Weise, konnte sich nur die Ruhrstahl-Landmaschine erfolgreich behaupten und fuhr damit dem Unternehmen 350 verkaufte Maschinen ein, dies zu dem stolzen Preis von 19000 Mark.
Die Ruhrstahl-Landmaschine war eine Weiterentwicklung des Endres'schen Gedankens aus der Vorkriegszeit, aufgegriffen und weitergebaut von Fritz Simbringer, einem genialen und praxisnahen Konstrukteur und Befürworter der Einmann-Gerätetechnik. Doch woher kam der Name Ruhrstahl, den man bisher weder auf einem Schlepper noch auf einer anderen Landmaschine lesen konnte? Hinter dem Hersteller verbarg sich das Annener Gußstahlwerk, ein Montanunternehmen, das sich Ruhrstahl AG in Witten/Ruhr nannte und in der Landmaschinenbranche völlig unbekannt war. Die unserer Industrie auferlegten Produktionsbeschränkungen durch die Siegermächte als Folge des verlorenen Krieges ließen so manches Unternehmen nach Kriegsende zur Erlangung einer schnellen Produktionserlaubnis in die Landmaschinen-Branche abwandern, um sich dadurch in bessere Zeiten retten zu können. Zum Ärgernis vieler Bauern und Kunden, denn das Unternehmen wandte sich in den ausgehenden fünfziger Jahren wieder der gewinnbringenderen Stahlgewinnung zu und stellte die Produktion des Ruhrstahl-Geräteträgers oder des Ruhrstahl-Systems, so hatte man ab 1952 auch geworben, wieder ein.

* Firmierung 1951

Die Ruhrstahl-Landmaschine

Gutbrod Motorenbau GmbH, Plochingen am Neckar*

Schon 1949 brachte die damals noch im schwäbischen Plochingen ansässige Firma Gutbrod eine Maschine mit dem Namen Farmax auf den Markt, mit welcher ebenfalls die Bauernarbeit motorisiert werden sollte. So jedenfalls verkündete es der Prospekt. Mit dieser Maschine versuchte Gutbrod ebenfalls wie Ruhrstahl, den Endres'schen Gedanken zu verwirklichen. Doch wie an den Resultaten festzustellen blieb, waren die Konstruktionen unterschiedlich ausgefallen. Während Fritz Simbringer mit großem Ideenreichtum eine neue Maschine zauberte, hielt man sich bei Gutbrod weitgehend an vorhandene Ausführungen: Die komplette Antriebseinheit Motor, Kupplung und Getriebe war über der Hinterachse zwischen den Hinterrädern montiert, und über dem Anbaurahmen war eine Ladepritsche festgeschraubt. Ferner gab es die drei Anbaumöglichkeiten, im Zwischenachsbereich, vor der Vorderachse und hinter dem Fahrzeug. Aller-

* Firmierung 1949

Der Gutbrod-Farmax mit aus der Ladepritsche herausgenommenem Boden.

dings ließ sich beim Arbeiten mit zwischen den Achsen montierten Geräten die Pritsche nicht abnehmen, es mußte der fünfgeteilte Boden entfernt werden und unter Umständen auch die Seitenwände. So konnte dann die notwendige Sicht auf die Geräte hergestellt werden. Technisch betrachtet bot der Farmax eine gewisse Vielseitigkeit, und er konnte wahlweise mit einem 10 PS starken Einzylinder-Diesel nach dem Viertakt-Prinzip arbeitend oder mit einem Zweitakt-Benzinmotor mit zwei Zylindern und 12 PS Leistung erworben werden. Das Getriebe verfügte über drei Vorwärts- und einen Rückwärtsgang. Zur Grundausrüstung gehörten zwei Zapfwellen und eine Riemenscheibe.

Als Sonderausrüstung waren neben einem Anbaumähwerk verschiedene Pflüge, Anbauhackgeräte und Kultivatoren zu erhalten. Auch einen auf den Farmax zugeschnittenen Zweiachs-Ackerwagen konnte der Käufer erwerben. Beim Mähwerk wählte Gutbrod schon damals den Frontanbau, eine Anbauart, die teilweise auch bei anderen Schlepperbauern zu finden war, die sich aber erst in heutiger Zeit dank der inzwischen üblichen fronthydraulischen Betätigung durchsetzen kann.

Leider war dem Gutbrod-Farmax nur ein kurzes Dasein beschieden. Die Maschine war zwar preislich recht interessant, die Benzinversion kostete 1949 4680 Mark, während der Farmax-Diesel für 5780 Mark zu haben war, doch gerade die Motoren waren bei der Zusammenlegung mehrerer Arbeitsgänge immer wieder zu schwach. Ob sie jedoch alleine für die Fertigungseinstellung verantwortlich waren, darf bezweifelt werden.

Maschinenfabrik Fahr AG, Gottmadingen*

Mit zu den bekanntesten Schlepper- und Landmaschinenherstellern zählte das einstige, mittelständische Familienunternehmen Fahr, dessen Gründung bis in das Jahr 1870 zurückreicht. Waren es zunächst Göppel, Futterschneidmaschinen, Mähmaschinen, Getreideernter und

* Firmierung 1955

Der Fahr-Geräteträger im Einsatz. Von ihm hatte man nur einige Prototypen angefertigt.

Heuerntemaschinen, die das Werk baute, so befaßte man sich ab Mitte der dreißiger Jahre mit dem Schlepperbau und erweiterte ab 1938 das Verkaufsprogramm um einen 22-PS-Dieselschlepper als Grundstein einer erfolgreichen und gerne gekauften und in der bäuerlichen Welt gut bekannten Schlepperreihe. Daß sich Fahr allerdings auch mit dem Geräteträgerbau beschäftigte, dürfte heute in der Öffentlichkeit nahezu unbekannt sein, denn die Firma stellte nur eine sieben Maschinen umfassende Vorserie her. Dabei hatte man auch hier recht schnell erkannt, daß ein Geräteträger nicht untermotorisiert sein durfte, und griff auf einen 17 PS starken, luftgekühlten Güldner-Diesel 2 LD zurück.

Auffällig an dem Geräteträger war der wuchtige Mittelholm, der alle Verbindungsorgane, Leitungen und Antriebswellen barg und gleichzeitig die Verbindung zwischen Vorder- und Hinterteil darstellte, denn der Motor mit dem Batteriekasten saß über der Vorderachse, während der übrige Maschinenaufbau mit der Hinterachse verbunden war. Die Ladepritsche wurde deshalb im Bedarfsfall dazwischen montiert und konnte nur seitlich gekippt werden. Besonderer Erwähnung bedarf das Getriebe, das mit je 12 Fahrgeschwindigkeiten für Vor- und Rückwärtsfahrt ein Wendegetriebe darstellte und seiner Zeit im Schlepperbau voraus war. In Verbindung mit einem schwenkbaren Fahrersitz konnte nun aus einer Rückwärtsfahrt eine Vorwärtsfahrt werden, und die am Heck montierte hydraulische Dreipunktaufhängung übernahm die Funktion einer Fronthydraulik. Hinderlich zeigte sich dabei allerdings das in seiner Lage fest montierte Lenkrad, das bei Rückwärtsfahrt in eine ungünstige Griffposition kam. Als ein weiterer Vorteil erwies sich bei dieser Konstruktionslösung die Gewichtsverteilung, die dem Geräteträger beim Einsatz als Normalschlepper sehr entgegenkam.

Neben der Ladepritsche und einem Mähwerk konnte man 1955, dem Jahr der Fertigstellung, schon mehrere Bodenbearbeitungsgeräte vorweisen, und es wurde ein aufschlußreicher Werbeprospekt angefertigt, bevor die Maschinen mit der Bezeichnung Gerätetrak GT 130 wieder zerlegt wurden. Die Motoren und die brauchbaren Blechteile wurden wieder dem Schlepperbau zugeführt und der unbrauchbare Rest mitsamt den Getrieben verschrottet.

Karl Ritscher GmbH Traktorenwerk Hamburg* Güldner-Motoren-Werke Aschaffenburg*

Obwohl die Verkaufsgebiete der Ritscher-Traktoren vorwiegend im Norden Deutschlands lagen, hatte sich Karl Ritscher mit seinen Dreirad- und Vierradschleppern sowie mancher Spezialschlep-

* Firmierung 1954

Sie waren baugleich, der Ritscher und der Güldner-Multitrac. Auf der linken Seite unten der Ritscher mit Dettmann-Einbauroder und oben der Güldner mit Kalkstreuer und Ladebrücke, beide Maschinen mit ausgezogenem Rahmen.

perkonstruktion im ganzen Land einen Namen gemacht. Ging es um Raupenschlepper oder Ansteckraupen für Radschlepper, so galt er als der große Pionier, der die Grundlagen seines Wissens Anfang unseres Jahrhunderts aus Amerika mitbrachte und hier in Europa den Raupenschlepper im wahrsten Sinne des Wortes das Laufen lehrte.

Mit dem Erscheinen des Alldog und dem damit einsetzenden Umdenken Anfang der fünfziger Jahre hin zum Geräteträger-Betrieb sah sich Karl Ritscher wiederum herausgefordert und beschäftigte sich ebenfalls mit dem Geräteträgerbau. Es gelang ihm schon 1954 den mit einem 12 PS starken MWM-Diesel ausgerüsteten Multitrak vorzustellen. Beim Tragrahmen wurde nach Alldogart auf das Zweiholm-Stecksystem zurückgegriffen, doch fand im Gegensatz dazu kein Rohr, sondern ein Profilstahl Verwendung. Weiter unterschied sich der Multitrak auch dadurch, daß der Tragrahmen selbst in der Länge zu verstellen war. So konnte der Abstand zwischen den Achsen je nach Bedarf von 1730 mm bis auf 2550 mm geändert werden. Mit dieser Möglichkeit war der Geräteträger auch als sogenannter Kurzschlepper, ähnlich dem Hanomag Tragschlepper R 12 KB (kurze Bauart), zu verwenden, was wiederum Besitzer von Gemischtbetrieben mit Grünland- und Hackfruchtbau zum Kauf animieren sollte.

Bald schon hatte Ritscher einen 17 PS starken Multitrak im Programm als Folge der Erkenntnis, daß 12 PS zur Versorgung eines Geräteträgers nicht ausreichend waren. Zum Einbau kam diesmal ein luftgekühlter Dieselmotor von Güldner, der sich bereits im Güldner-Schlepper ALD bestens bewährt hatte. Doch dies geschah nicht ohne Grund, denn bereits 1955 stellte Güldner auf der DLG in München selbst einen Geräteträger vor, der sich bei näherem Hinsehen als der Multitrak von Ritscher entpuppte. Der Käufer erhielt also die gleiche Maschine, egal ob er sich auf dem Messestand bei Ritscher oder bei Güldner zu einem Kauf entschloß. Lediglich bei der Motorenverkleidung brachten die Firmen ihre eigene Nuance ein. Auch beim Vergleich der auf dieser Ausstellung verteilten Werbeprospekte waren dieselben technischen Daten aufgeführt, und die Bilder mit den unterschiedlichen Motorhauben waren sich sehr ähnlich. Überhaupt ist unschwer zu erkennen, daß beim Entwurf des Güldnerprospekts der Ritscherprospekt Pate gestanden hatte.

Allerdings hatte man mit dem Güldner-Mulitrak das gesteckte Verkaufsziel wohl nicht erreicht, denn Güldner zog sich schon bald wieder aus dem Geräteträger-Verkauf zurück. Bei Ritscher hingegen waren bis in die beginnenden sechziger Jahre hinein neben dem mit Güldnermotor bestückten Multitrak noch zwei Ausführungen mit bewährten Deutz-Schlepper-Dieselmotoren hinzugekommen. Es war der mit Radialgebläse-

kühlung ausgerüstete Motor mit 18 PS vom Typ F2L 712, der auch mit etwas gesteigerter Drehzahl und 24 PS Leistung zu bekommen war. Mit diesen Motoren legte Deutz den motorlichen Grundstein der sehr bekannt gewordenen D-Schlepperserie.
Der letzte noch gebaute Ritscher-Multitrak leistete 25 PS und war mit dem Motor des sehr erfolgreichen Deutz-Schleppers D 25 S ausgerüstet.
Es bleibt noch zu erwähnen, daß während der gesamten Bauzeit für die Multitrak-Geräteträger eine komplette Anbau-Gerätereihe für Saat-, Pflege- und Erntearbeiten vorhanden war, wie auch eine Ladepritsche, hydraulische Kraftheber, Mähwerk, Frontlader oder Dunglader und vieles mehr.

Gebr. Claas GmbH Maschinenfabrik Harsewinkel (Westfalen)*

Mit einer recht eigenwilligen Konstruktion überraschte der heute bedeutende Mähdrescher- und Erntemaschinenhersteller Claas aus dem westfälischen Harsewinkel 1956 auf der DLG in Hannover die Fachwelt. Eine selbstfahrende Arbeitsmaschine, die Huckepack genannt wurde und sich bei näherem Hinsehen als ein zeitgemäßer Mähdrescher entpuppte. Doch wer nun glaubt, daß damit nur Korn gemäht und gedroschen werden konnte, der hatte weit gefehlt, denn mit der Aufwendung von einer ungefähren Arbeitsstunde ließ sich der komplette Mähdrescheraufsatz vom fahrenden Unterteil trennen. Das Fahrgestell ließ sich nun als Geräteträger und auch als Schlepper einsetzen. Der Rahmen für die Anbaugeräte war dabei als zweiarmiger Träger ausgebildet. Dies wohl auch deshalb, weil sich ein einzelner Mittelholm zum Tragen des Mähdrescheraufbaus als sehr ungünstig erwiesen hätte. Für den Fahrerstand wurde der Platz des Mähdreschers weiterverwendet, was dem Fahrer durch die Höhe zwar eine gute Übersicht verschaffte, diese aber die seitliche Anordnung nicht ausgleichen konnte, was dem genauen Spurhalten etwa in Reihenkulturen nicht gerade zuträglich war. Den Antrieb auf das Fahrwerk besorgte ein 12 PS starker Dieselmotor von Hatz, während die Dreschorgane des Mähdrescheraufsatzes von einem VW-Industriemotor angetrieben wurden.

* Firmierung 1956

Unten der Huckepack im Einsatz als Geräteträger, rechts Werbung für den Huckepack.

Er ist da ....
Claas
DER SELBSTFAHRER CLAAS-«HUCKEPACK»

IFA-Maulwurf-Geräteträger in seiner ursprünglichen Form (aus Miterlebte Landtechnik)

Der IFA-Maulwurf

Ebenfalls in Deutschland, jedoch jenseits unserer deutschdeutschen Grenze, wurde in den fünfziger Jahren ebenfalls das Prinzip des Geräteträgers aufgegriffen und im VEB (Volkseigenen Betrieb) IFA in Schönebeck verfolgt. Der erste Geräteträger war der Maulwurf, der mit einem neun PS starken Zweitakt-DKW-Motor ausgerüstet war. Der Aufbau zeigte große Ähnlichkeiten mit der Fahr-Maschine, denn der Motor war über der Vorderachse montiert. Die Verbindung zum Hinterteil bildete ein stabiler, vierkantiger Mittelholm, der wiederum die Versorgungsleitungen und Wellen aufnahm.

Allerdings zeigte sich recht schnell, daß dieser für sozialistische Großbetriebe konzipierte Geräteträger viel zu klein und vor allem zu schwach war, was zu weiteren Entwicklungen Anlaß gab. Stärkere Motoren, größere Bereifungen und verbesserte Anbaugeräte sorgten aber letztlich dafür, daß auch diese Maschinen ihren Platz in der Landwirtschaft fanden. Einer besonderen Erwähnung bedarf dabei der viele Jahre gebaute Typ RS 09, der durch seine Mittelholm-Konstruktion und die große Bereifung der Treibräder ins Auge stach. Er war mit einem Zweizylinder-Viertakt-Dieselmotor ausgerüstet und leistete 16,5 PS. Das Getriebe verfügte über je acht Vorwärts- und Rückwärtsgänge, und es waren nicht nur viele Geräte- und Anbau-Kombinationen in der Landwirtschaft möglich, man hatte auch den kommunalen Bereich bedacht.

David Brown, Meltham, England

Die einzige ausländische Firma, die ebenfalls auf dem deutschen Geräteträgermarkt einsteigen wollte, war die David Brown LTD aus Meltham in England. David Brown war damals auf der Insel ein namhafter Schlepperhersteller und konnte auch Schlepperverkäufe in Deutschland verzeichnen. Mitte der fünfziger Jahre gesellte sich zum Traktorenprogramm ein Geräteträger, der an Aussehen einiges mit einem Einachsenschlepper gemeinsam hatte. Der Aufbau war ähnlich dem der Ruhrstahl-Landmaschine, doch insgesamt kleiner ausgefallen. Als Antriebsaggregat diente ein 15 PS starker Motor, der über der Hinterachse montiert war. Vor dem Motor und zwischen den Schutzblechen der Antriebsräder eingebettet, war die Sitzschale montiert. Nach

Rechte Seite: Werbung 1956: Der David-Brown-Geräteträger

DAVID BROWN
2D
DIESEL
LUFTGEKÜHLTER VIERTAKTER

vorne führte der Mittelholm, ein mehrfach gebogenes Rohr, das die Verbindung zur Vorderachse herstellte. Diese Konstruktionslösung ermöglichte einen hohen Anbauraum im Zwischenachsbereich, ließ aber keinen Pritschenaufbau zu und verbaute gleichfalls den Anbauraum über dem Mittelholm, war also mit erheblichen Negativpunkten belastet. Hinzu kam die wenig bedienerfreundliche pneumatische Hebeeinrichtung, die im Gegensatz zur Öl-Hydraulik mit Preßluft betätigt wurde. Der Rahmen fand dabei als Luftkessel-Vorratsspeicher Verwendung. Diese Einrichtung trug sicher auch nicht zur Popularität der Maschine bei, hatten sich die deutschen Bauern doch erst vor kurzem mit dem hydraulischen Kraftheber angefreundet, und nun sollte wieder etwas Neues und Besseres hinzukommen. Während einer zweijährigen Erprobung von deutscher Seite befaßte sich auch der Ruhrstahlkonstrukteur Fritz Simbringer mit dem Brown-Geräteträger und hatte einige Verbesserungen vorzubringen. So sollte beispielsweise die Pneumatik durch eine zuverlässige Bosch-Hydraulik ersetzt werden. In England zeigte man jedoch wenig Verständnis für solche Verbesserungen, bis die Maschine eines Tages ohne Aufsehen in einem Dunkel landwirtschaftlicher Geschichte verschwand und dies, obwohl sich namhafte Firmen wie zum Beispiel Braun in Münster um eine reichhaltige Gerätepalette kümmerten.

Klöckner-Humboldt-Deutz AG, Köln*

Auch die Firma Deutz stieg in das Geräteträgergeschäft ein, doch erst zu einem Zeitpunkt, als die meisten anderen Firmen schon wieder aufgegeben hatten. Die Kölner boten erst ab dem Jahr 1966 einen 40 PS starken Geräteträger an, den „Unisuper" System Eicher vom Typ G 4001. Der komplette Geräteträger wurde nicht in einem der Deutz-Werke montiert, sondern er kam direkt aus den Eicher-Montagehallen im bayerischen Pilsding, dort wo vorher die Firma Glas-Isaria ihre Heimat hatte.

Damit nun auch das neue Produkt voll in das Deutz-Programm paßte, wurde der Geräteträger im Eicher-Werk mit der Deutz-grünen Farbgebung versehen, ebenso wurde die Motorhaube mit dem Deutz-Schriftzug und dem bekannten Magirus-Zeichen ausgestattet. Den Motor vom Typ F3L-812 D mit 40 PS Leistung lieferte Deutz

* Firmierung 1966

Recht spät betätigte sich Deutz mit dem Unisuper im Geräteträgermarkt.

ebenfalls, so daß er an Ort und Stelle eingebaut werden konnte.
Doch warum bot Deutz plötzlich und so spät noch einen Geräteträger an, hatte man auf der DLG-Ausstellung im Mai 1966 doch kein Wort darüber verloren, und nur wenige Monate später erfuhr der Unisuper seine Premiere auf dem Zentrallandwirtschaftsfest in München?
Die Kölner Traktorenbauer standen damals an erster Stelle, nimmt man die Schlepper-Verkaufszahlen zur Hand, knapp gefolgt von Fendt mit zwei Geräteträgern im Programm. Als Marktführer wollte man nun ebenfalls in diese Verkaufsnische einsteigen, um dadurch weitere Kunden gewinnen zu können und damit die Verkaufszahlen-Differenz wieder zu vergrößern. Ob der Geräteträger allerdings diese Erwartungen einfahren konnte, darf bezweifelt werden. Schon vier Jahre später, im Jahre 1970, war der Unisuper von Deutz ebenso wie sein Zwillingsbruder von Eicher vom deutschen Schleppermarkt verschwunden.

H. Wesseler O.H.G. Altenberge, Westfalen*

1956, im Jahre des Geräteträgerbooms versuchte auch der Schlepper- und Fahrzeugbauer H. Wesseler oHG in Altenberge/Westfalen auf dem Geräteträgermarkt Fuß zu fassen. Angeboten wurden diese Maschinen unter dem Markennamen „Ackermeister". Sie waren mit einem Mittelholm ähnlich dem Fendt-Geräteträger ausgerüstet, hatten hydraulische Kraftheber und eine nach vorne kippbare Ladepritsche. Auch Hack- und Häufelgeräte waren im Angebot, Gitterräder und ein Riemenscheibenantrieb, ebenso war ein Seitenmähwerk lieferbar. Als Antriebsquelle diente ein luftgekühlter Einzylinder-Viertakt-Dieselmotor stehender Bauart mit direkter Kraftstoffeinspritzung, wobei der Verbrennungsraum im Kolben eingearbeitet war. Diese Bauart gestattete ein sofortiges Starten ohne elektrisches Vorglühen selbst an kalten Tagen. Seine Leistung von 12 PS erreichte der Motor bei 2000 U/min, die Bohrung hatte 98 mm und der Hub 120 mm, was einen Hubraum von 905 ccm ergab. Das Getriebe verfügte über sechs Vorwärts- und einen Rückwärtsgang, dabei war der erste Gang als Kriechgang

* Firmierung 1956

Der Wesseler-Geräteträger mit Blick auf den hinteren Anbauraum.

und der sechste Gang als Schnellgang ausgelegt, die maximale Fahrgeschwindigkeit betrug 20 km/h.

Auch bei der Firma Wesseler mußte man die Erfahrung machen, daß eine Leistung von 12 PS für einen Geräteträger zu wenig war, wollte man seine Wirtschaftlichkeit voll ausnutzen, deshalb hatte man 1958 die Motorleistung auf 20 PS erhöht. Doch auch diesem System war trotz des stärkeren Motors letztlich der große Erfolg versagt geblieben. Das Schleppergeschäft wurde immer mehr Sache der großen Firmen, die sich teure Weiterentwicklungen leisten konnten, denn die erste Nachkriegs-Motorisierungswelle der leistungsschwachen und technisch einfachen Kleinschlepper näherte sich ihrem Ende.

Sonstige Geräteträger-Konstruktionen

Der Vollständigkeit halber sollen unter „sonstige Geräteträger-Konstruktionen" auch diejenigen Firmen erwähnt werden, die im allgemeinen Geräteträgerboom mit mehr oder weniger phantasievollen Modellen und Namen auf den Markt drängten und den Namen Geräteträger beanspruchten, ohne jedoch einen großen Erfolg für sich verbuchen zu können.

Die Firma Carl Tabel Metallwerk in Creussen/Oberfranken versuchte mit ihrem Vollgeräteträger **Unitrak** und einem großen Zusatzgeräteträgerangebot auf diesen Zug aufzuspringen, indem auch sie kräftig die Werbetrommel rührte und in der ersten Hälfte der fünfziger Jahre die Maschine zur Vollmotorisierung der kleinbäuerlichen Betriebe anpries.

Dieser gerätetragende Schlepper hatte die treibende Achse samt Getriebe und Motoraufbau auf der Vorderseite zwischen den Antriebsrädern, ähnlich einem Einachsschlepper, doch gelenkt wurde die Maschine über ein Heckrad, das durch den Geräteanbaurahmen fest mit dem Vorderteil verbunden war. Somit stellte der Unitrak also einen Dreiradschlepper dar, bei dem jedoch nicht wie im üblichen Sinn das dritte Rad vorne, sondern hinten zu finden war. Diese Bauweise erinnert stark an die in den ersten zwanzig Jahren unseres Jahrhunderts vertretenen Motorpflüge, die Vorgänger unserer heutigen Schlepper. Der Hauptanbauraum, sieht man einmal vom Frontmähwerk ab, lag hinter dem Fahrer und vor dem Heckrad. Hier ließen sich die unterschiedlichsten Bodenbearbeitungsgeräte wie Pflüge, Eggen, Walzen, Setzgeräte, Seilwinden und vieles mehr montieren, nur eine Ladefläche war nicht vor-

Der Vollgeräteträger Unitrak der Firma Carl Tabel.

Der Erkelenz-Geräteträger.

handen. Es konnte aber auch hier mit einem speziellen Einachspritschenwagen abgeholfen werden, der auf Wunsch kippbar war. Von einem Geräteträger im klassischen Sinn kann also nicht gesprochen werden, es handelte sich vielmehr um einen frontgetriebenen Dreiradschlepper mit Geräteanbau im Zwischenachsbereich. Bei der Wahl des Motors konnte zunächst ein 12-PS-Dieselmotor oder ein 12/14-PS-Vergasermotor gewählt werden, bevor sich die Firma dann letztlich für einen 15-PS-Diesel entschied.

Auf derselben Basis bot auch die Firma „**Erkelenz** Landmaschinenbau" in Frankfurt eine Maschine an, ohne jedoch nennenswerte Erfolge zu erzielen. Der komplette Motor- und Getriebeaufbau erfolgte über der Treibachse, die wiederum die Vorderachse bildete, und nach hinten stellte ein Rahmen die Verbindung zur Lenkachse dar. Allerdings war der Erkelenz-Patent-Traktor mit zwei lenkbaren Heckrädern ausgerüstet, und der Geräteanbau erfolgte hauptsächlich hinter dem Schlepper.

Erwähnenswert ist auch die Firma „Franz **Otto**" in Germershausen bei Duderstadt, die den gleichnamigen Otto-Geräteträger anbot. Hierbei handelte es sich um einen holmgelenkten Einachsschlepper, dessen Zentralrohrgeräterahmen über dem Hinterrad endete. An diesem Rohrgerä-

Der Otto-Geräteträger war mehr als ein Einachsschlepper.

Schmotzer-Combi als Geräteträger mit aufgebauter Sämaschine.

terahmen wurden die Arbeitsgeräte montiert. Der Fahrer hatte also die Anbaugeräte halb vor und halb unter sich, da der Fahrersitz direkt über dem Hinterrad montiert war. Angetrieben wurde der Otto-Geräteträger durch einen luftgekühlten Einzylinder-Viertakt-Dieselmotor mit 10 PS Leistung. Überhaupt war Mitte der fünfziger Jahre festzustellen, daß auf dem Gebiet der Einachsschlepper die Entwicklung wieder zum schweren und vielseitig einsetzbaren Einachsschlepper ging, obwohl es eine Zeitlang so schien, als hätte diese Art von Schlepper keine Berechtigung mehr. Dies zeigte sich auch deutlich im Jahr 1956 auf der DLG in Hannover. Hier wartete die im Kleinmaschinenbau bekannte und im schwäbischen Möckmühl beheimatete Firma **Agria** ebenfalls mit einem zum Geräteträger umrüstbaren Einachsschlepper auf. Der 9/10 PS starke Motor aus der eigenen Werkstatt konnte sowohl mit Benzin als auch mit Dieselkraftstoff betrieben werden. Besonders interessant aber war, daß diese Maschine mittels einer Zusatzeinrichtung zu einem Vierradschlepper umgerüstet werden konnte, wobei der Einachser rückwärts fahrend hinter einen Vorderwagen gebaut war. Der Vorderwagen war dabei mit einer Achsschenkellenkung für die übliche Kurvenfahrt ausgerüstet, während über die Lenkholme der Vorderwagen zum Hinterteil eingeknickt und dies als Hangsteuerung verwendet werden konnte. Mit dieser Einrichtung erhielt der Agria-Einachsschlepper wesentliche Geräteträger-Eigenschaften.

Auf derselben Messe war auch der **Hansa-Einachsschlepper** zu finden, der ebenfalls mit einem Zusatzgerät zum Geräteträger umgerüstet werden konnte. Der Geräterahmen lag ebenfalls vor dem Einachsschlepper und war mit einer Achsschenkellenkung versehen, wobei die Spurweite der Räder in mehreren Stufen von 1000 auf 1250 mm verstellt werden konnte. Außerdem war es möglich, die Vorderräder so zu stellen, daß diese beim Pflügen in der alten Furche liefen, während die Treibräder in der neuen Furche ihre Spur fanden. Der Geräteanbau fand weitgehend zwischen den Achsen statt und bot damit eine bestmögliche Übersicht. Nur das Mähwerk mußte am Heck der Maschine montiert werden.

Auch der **Schmotzer-Combi** der gleichnamigen Firma in Bad Windsheim war kein Geräteträger im klassischen Sinn, sondern vielmehr eine motorisierte Hack- und Drillmaschine, deren Verwendungsmöglichkeiten sich im Laufe der Jahre durch Weiterentwicklungen und Verbesserungen von Zusatzgeräten ausweiteten, womit schließ-

Sie sollten die Alternative zum Geräteträger sein: Die Tragschlepper als Produkte ausgesprochener Geräteträger-Gegner. Dies hinderte aber selbst Geräteträger bauende Firmen nicht daran, zusätzlich mit einem Tragschlepper aufzuwarten. Auf den folgenden Seiten zu sehen sind die Tragschlepper der Firmen Porsche, Bautz, Allgaier, Fahr, Deutz, Hanomag, Güldner, MAN und Lanz.

lich auch die Verwendung als Spritz- und Hackgerät und die Pflege von Kulturen ermöglicht wurde. Später konnten noch Ladefläche, Mähwerk und ein Zugmaul montiert werden, womit sich die Vielseitigkeit nochmals erweitern ließ.

Daß die Idee des Geräteträgers eine Grundlage für unerschöpflichen Erfindergeist bot, zeigte sich hie und da beim Auftauchen der unterschiedlichsten Konstruktionen. Natürlich stand immer die Bewältigung bäuerlicher Bedürfnisse im Vordergrund, doch manche Lösungen sprachen für sich. So gab es beispielsweise eine Entwicklung abseits der Vollmotorisierung für den Gespannzug, eine einfache und übersichtliche Rohrrahmenkonstruktion mit Drehschemellenkung. Dieser Rohrrahmen bildete nun gleichzeitig den Anbaurahmen und konnte mit allen möglichen Zusatzgeräten oder einer Ladepritsche bestückt werden, egal ob deren Montage unter oder über dem Rahmen erfolgte. War der Anbau mancher Geräte im Zwischenachsbereich nicht möglich, wie etwa bei einem Kartoffelroder oder Düngestreuer, so nutzte man den Platz hinter der Hinterachse. Insgesamt bot dieser Gespann-Geräteträger eine erstaunliche Vielseitigkeit, die durch die Möglichkeit einer Wegzapfwelle nur vergrößert wurde. Wer sich zwischenzeitlich vom Gespann getrennt hatte, der konnte durch einfaches Austauschen der Deichsel seinen motorlosen Geräteträger auch hinter den Schlepper hängen.

Der Tragschlepper, eine Alternative?

Gemessen an der Zahl der Traktorenhersteller in Deutschland, 1955 zählte man nahezu 50 verschiedene Firmen, waren es eigentlich doch recht wenige, die sich ernsthaft und intensiv mit dem Geräteträgerbau beschäftigten. Ein Großteil wollte nicht vom gewohnten Schlepperprogramm abweichen oder aber war mit einer Geräteträgerentwicklung aus Kapazitätsgründen oder finanziell überlastet, doch einige zum Teil namhafte Firmen waren ausgesprochene Gegner und versuchten mit einer alternativen Konstruktion dem Geräteträger entgegenzutreten.

„Tragschlepper" nannten sie diese neue Konstruktion, die also gegen den Geräteträger antreten sollte! Doch was versteht man darunter?

Der Tragschlepper sieht auf den ersten Blick aus wie ein Standardschlepper der fünfziger Jahre, und er entsprach in Konstruktion und Aufbau auch weitgehend einem solchen, doch gestattete er den Anbau verschiedener Gerätschaften unterhalb des Schlepperrumpfes im Zwischenachsbereich. Nutzte man nun den Geräteanbau an der Ackerschiene hinter dem Schlepper als zweiten Anbauraum, so ließen sich, ähnlich dem Geräteträger, mehrere Arbeitsgänge zusammenlegen und gleichzeitig ausführen.

Der Geräteanbau im Zwischenachsbereich erforderte allerdings einen längeren Achsabstand und eine größere Bodenfreiheit, als dies der kon-

Bautz

ventionelle Schlepper bot. Dazu war ein schlanker Schlepperrumpf von Vorteil, damit dem Fahrer eine größtmögliche Übersicht auf die Anbaugeräte ermöglicht wurde. Hier sprach man von einem Wespentaillen-Schlepper. Weiter war ein Kraftheber im Zwischenachsbereich unbedingt notwendig, egal ob hydraulisch oder von Hand betätigt, damit die Geräte in Arbeitsstellung gebracht oder ausgehoben werden konnten. Doch die Idee des Tragschleppers scheiterte, er konnte sich nicht durchsetzen, denn das erschwerte und umständliche Anbringen vieler Geräte war zu zeitraubend und kraftaufwendig. Mühsam mußten oft zwei, drei Leute, mit Ketten oder Stricken ausgerüstet, die sperrigen Geräte unter dem Schlepperrumpf durchziehen, bevor sie montiert werden konnten, und die großen Antriebsräder waren dabei meist im Wege. Der Geräteträger hingegen gestattete hier ein sehr viel bequemeres und schnelleres Montieren, da der ein- oder zweiholmige Anbaurahmen viel mehr Arbeitsraum für den Geräteanbau bot. Am idealsten war aber der Heckanbau an der Ackerschiene, möglichst mit hydraulischer Betätigung, denn hier kann bequem mit dem Schlepper rückwärts an das anzubauende Geräte herangefahren werden.

Einen der ersten Tragschlepper stellte **Hanomag** bereits 1953 vor. Dahinter verbarg sich Dr. Ehlers, ein entschiedener Geräteträger-Gegner und Tragschlepper-Befürworter. Dr. Ehlers, langjähriger Lanz-Mitarbeiter und Direktor, war Anfang der fünfziger Jahre zu Hanomag übergewechselt und hatte den Bau des 12 PS starken Tragschleppers R12 Combitrac zur Vollmechanisierung kleinbäuerlicher Betriebe vorangetrieben. Gleichzeitig führte er auch den unausgereiften, schnellaufenden Zweitakt-Motor bei Hanomag ein, womit auch hier ein langsames Sterben des damaligen Marktführers eingeläutet wurde.

Auch **Deutz** baute ab 1953 einen 11 PS starken Tragschlepper, der mit einem luftgekühlten Motor vom Typ F1L 612 ausgerüstet war. Durch Umstekken des Fahrersitzes konnte er auch in umgekehrter Fahrtrichtung betrieben werden, zum Beispiel mit am Heck angebautem Garbenbinder rückwärts in „Vorwärtsfahrt".

Selbst die Firma Lanz baute neben ihrem Alldog-Geräteträger den mit einem 13-PS-TWN-Motor ausgerüsteten Bulldog D 1306, der ebenfalls als Tragschlepper zu verwenden war. Allerdings hatte man sich hier in der Werbung sehr stark zurückgehalten und den Zwischenachs-Geräteanbau hauptsächlich im Bulldog-Geräteberater angeboten.

Bei IHC findet man schon 1950 den Anbau von Hack- und Häufelgeräten zwischen den Achsen am damaligen Schleppertyp DF. Ab der Mitte der fünfziger Jahre waren es dann die Typen D 212 und D 217 mit 12 und 17 PS, die das Tragschlepperangebot dieser Firma bildeten.

Allgaier

Fahr

Auch **Güldner**, wie schon erwähnt, selbst kurz im Geräteträgerbau engagiert, bot um 1954 die Schleppertypen AKZ mit 12 PS und ADN mit 16 PS als Tragschlepper mit Möglichkeiten des Geräteanbaues zwischen den Achsen an.
Später folgten noch weitere Typen bis hin zum 25 PS starken Güldner-Burgund aus der Europa-

Hanomag

reihe, der anfangs der sechziger Jahre gebaut wurde.
Dem Beispiel von Güldner folgend, baute auch **Fahr** in der gleichlautenden Europa-Reihe kleine Schleppertypen mit Tragschlepper-Eigenschaft sowie einen größeren, 25 PS starken Typ D 133 T, der wiederum baugleich mit dem Güldner-Burgund war.
Auch die Josef **Bautz** AG, die im württembergischen Saulgau ansässige Schlepper- und Erntemaschinenfabrik, bot Mitte der fünfziger Jahre den Typ AW 151 als Tragschlepper mit 14 PS Leistung an. Spätere Typen wie etwa der 20-PS-Schlepper Typ T 200 konnten dann auf Wunsch mit langem oder normalem Rumpf gekauft werden.
Die **Allgaier**-Werke Uhingen stiegen im Jahre 1952 mit ihrem Schleppertyp A 111 in die Tragschlepperproduktion ein. Waren die bisherigen Allgaier-Schlepper von der Bauart her reine Zugschlepper, so ist der A 111 die Verkörperung des Wespentaillen-Tragschleppers schlechthin. Ausgerüstet war er mit einem einzylindrigen Viertakt-Dieselmotor. Die Firma erwähnte im damaligen Prospekt besonders, daß der Schlepperrumpf als Geräteträger ausgebildet war, um den Zwischenachsanbau von allerlei Geräten wie Hack- und Häufelgerät oder Vielfachgeräte anzuwenden.
Um dem jüngsten Kind von Allgaier auf die Beine zu helfen, wurden in der Broschüre „Welche Arbeitserleichterungen und Vorteile bietet der Allgaier A 111?“ fast alle Register der Betriebswirtschaftslehre und Marktkunde gezogen und die Vorteile bestimmter Arbeiten wie etwa schneller

Deutz

Güldner

Zwischenfruchtanbau beschrieben. Ebenso wurden die passenden Geräte in Sonderprospekten angeboten und auch der Umbau von vorhandenen Gespannmaschinen in Wort und Bild verdeutlicht.

Überraschenderweise kam dann aber 1955 zur DLG-Ausstellung der A 111 V heraus, eine verkürzte Ausführung, bei dem kein Geräteanbau im Zwischenachsbereich mehr möglich war. Im gleichen Jahr wurde der ursprüngliche A 111 forciert und als A 111 L als lange Ausführung mit neuem Design angeboten, das heißt mit runden Kotflügeln, längerer und glatter Motorhaube sowie einem anderen Fahrerstand. Kurz, der Schlepper wurde der leistungsstärkeren Reihe angepaßt. Als Allgaier 1956 die Schlepperproduktion an Porsche in Friedrichshafen abgab, wurde aus dem Tragschlepper A 111 L der Typ P 111, der aber bereits im Laufe des Jahres 1957 im Porsche Diesel Typ Junior seinen Nachfolger fand. Dieser 14 PS starke Junior wurde einmal als Variante K als Standardschlepper in kurzer Bauweise, als Variante L ein Tragschlepper in langer Ausführung und in Variante S als Schmalspur angeboten. Auch hier war also der Tragschlepper mit langer Bauweise wieder vertreten. Hinzu kamen noch größere Tragschlepper wie zum Beispiel der 20 PS starke Typ Standard T oder der Standard Star mit damals 30 PS. Konsequenterweise zeigte Porsche auf seinen Ver-

MAN

kaufsprospekten diese Typen mit angebauten Zwischenachsgeräten und bot sie auf seinen Druckschriften als „Landbaumaschinen" an. Im Jahre 1964 fand die Schlepperproduktion bei **Porsche** ihr Ende, der Fast-Marktführer von 1958, der hinter Deutz den zweiten Platz der Zulassungsstatistik belegte, hatte immer mehr Marktanteile verloren, und so schien eine Weiterführung des Schlepperbaus nicht mehr rentabel.

MAN stellte gleich drei Typen in langer Bauweise als Tragschlepper vor, den 2F1 mit 12 PS, den 2K1 mit 18 PS und den 2L1 mit 24 PS. Tragschlepper, die selbst bei der Programmerneuerung als Typen 2K2 und 2K3 mit 18 PS, sowie 2L2 mit 24 PS und 2L3 mit 25 PS weitergeführt wurden. Ende der fünfziger Jahre brachte die Firma Kramer noch die 10 PS und 14 PS starken Schlepper vom Typ Pionier in der Version als Tragschlepper auf den Markt.

All diese Beispiele zeigen, wie sehr sich die einzelnen Firmen in den Zeiten des Schlepperbooms ab Mitte der fünfziger Jahre um Variationslösungen von Antriebsmaschinen und Vielseitigkeitslösungen von Geräteanbaumöglichkeiten bemühten. Letztlich aber siegte der in der Handhabung bequeme Heckanbau und blieb lange das Alleinseligmachende, während in heutiger Zeit der Raum vor dem Schlepper als zweiter Anbauraum in Verbindung mit einer Fronthydraulik wieder neu entdeckt wurde und immer mehr Bedeutung gewinnt.

Der Autor: Michael Karle ist dem Leser inzwischen bestens bekannt durch den Beitrag „Mähdrescher, Erntemaschinen und Roder von Lanz und John Deere-Lanz" aus Band 4 der Lanz-Bulldog-Buchreihe. Er wurde 1953 geboren und wuchs in enger Verbindung mit der Landwirtschaft auf. Obwohl er inzwischen den interessanten und abwechslungsreichen Beruf des Revierförsters bekleidet, gilt doch sein ganzes Interesse den Bulldogs, den Schleppern und Landmaschinen seiner Jugendzeit. Deshalb auch die enge Verbindung mit den Geräteträgern, den Tragschleppern und ähnlichen Konstruktionen, die einen Auszug aus seinem Archiv darstellen. Er ist ständig bemüht, dieses Archiv auszubauen und zu vervollständigen. Gerne nimmt er dieses Thema betreffende Anregungen entgegen oder gibt auch weitere Auskünfte. Er bedankt sich bei seinem langjährigen Freund Hinrich Duggen aus Schleswig-Holstein für die freundliche Mitarbeit, ebenso bei Michael Bruse und Rainer Bank.

Ganz besonderer Dank gebührt Herrn Gilbert Kremer, dem Fendt-Spezialisten aus Heidweiler. Mit seiner Hilfe konnte nicht nur der ausführliche Rückblick der Fendt-Geräteträgerentwicklung erstellt werden, er stellte auch die Bilder zur Verfügung und stellte den Kontakt zur Firma Fendt her. Deshalb sei an dieser Stelle nicht zuletzt auch den Herren der Firma Fendt für die überaus freundliche und hilfsbereite Mitarbeit gedankt.

Im April 1992

Lanz D 1306

D 29550

Verkaufszahlen der Alldog-Geräteträger

Jahr	1951	52	53	54	55	56	56	57	58	59	60
Alldog-Typ	A 1205	A 1205	A 1205/15	A 1215	A 1305	A 1305/15	A 1806	A 1806	A 1806	A 1806	A 1806
Januar				3	1	0	—	119	20	25	
Februar				120	170	0	—	60	20	26	
März				319	515	77	—	49	21	?	
April				220	250	249	—	26	20	?	
Mai	unbekannt	unbekannt	unbekannt	223	224	214	—	0	32	?	unbekannt
Juni				219	237	237	—	0	26	?	
Juli				259	302	125	3	0	23	?	
August				132	225	126	4	32	22	?	
September				272	137	117	1	18	29	?	
Oktober				362	0	80	0	18	35	?	
November				6	0	0	0	21	19	?	
Dezember				2	0	0	75	16	17	?	

Bauzeit der Alldog-Geräteträger

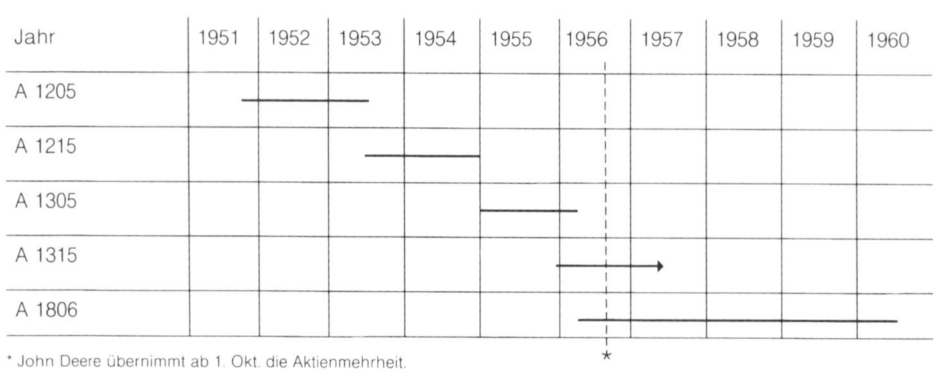

* John Deere übernimmt ab 1. Okt. die Aktienmehrheit.

Typenübersicht mit Fahrgestellnummern

Typ	PS	Motor	gebaut ab Nr.	bis Nr.	Typ	PS	Motor	gebaut ab Nr.	bis Nr.
A 1205	12	TWN-Benzin	100	1888	A 1315	13	TWN-Volldiesel*	7501	7900
A 1215	12	TWN-Halbdiesel	2501	4615	A 1806	18	MWM-Diesel	10001	?
A 1305	13	TWN-Volldiesel	4616	7500					

* Geräuschgedämpfter Motor mit lastabhängiger Kolbenschmierung

Geschwindigkeitstabelle

Geschwindigkeit der einzelnen Gänge in km/h

	1	2	3	4	5	6	R
A 1205	2,6	4,9	7,7	12,0	19,5	–	3,69
A 1215	2,68	4,55	7,45	11,65	19,8	–	3,73
Kriechgang	1,34	2,28	3,73	5,83	9,99	–	1,96
A 1305	1,64	2,54	4,35	7,1	11,1	18,9	3,65
A 1315	1,6	2,7	4,5	7,4	11,6	19,7	3,7
A 1806	1,78	2,75	5,03	7,23	11,0	18,4	5,03